U0378102

青少年人工智能编程创新
教育丛书

SCRATCH

编程思维一点通 上册

邹赫 姚国才 编著

（视频教学版）

清华大学出版社

北京

内 容 简 介

本书以皮亚杰的"建构主义学习理论"为核心指导思想，以问题驱动式学习（Problem-Based Learning，PBL）为核心教学方法，将"提出问题—分析问题—解决问题"的逻辑思维过程贯穿于全书各知识点的构建中。在内容的组织上，借鉴 Scratch 少儿编程之父雷斯尼克的"创造性学习螺旋及 4P 法则"，创新性地提出了"6A 教学法"：Arouse（激发兴趣）、Ask（提出问题）、Analyze（分析问题）、Act（解决问题）、Acquire（收获总结）和 Assess（测评巩固）。希望学生通过学习本书，不仅在解决问题的过程中自然地掌握相关知识，更重要的是形成创造性思维。

全书（上、下册）基于 Scratch 3.0 编写，分为 8 章，第 1 章为准备内容，介绍主流编程语言的类型及特点、Scratch 的发展和界面；第 2～4 章为 Scratch 基础内容，介绍运动、画笔、外观、造型、声音、音乐等基础功能，让学生使用简单方法就能轻松完成声色并茂的作品；第 5～8 章为 Scratch 进阶内容，介绍事件、侦测、数据、运算、函数、自制函数积木、控制、算法结构等高级功能，让学生掌握更系统的编程逻辑，能完成功能更强大的作品。本书为上册，包括第 1～4 章内容。

全书附赠 30 个案例的在线编程视频和程序代码，并提供原始素材文件、辅导老师在线答疑服务，适合青少年学习使用，其中 8 岁以下的学生建议在家长的陪伴下使用。此外，本书还可以作为校内少儿编程兴趣班和校外少儿编程培训机构的辅导用书。

图书在版编目（CIP）数据

Scratch 编程思维一点通：视频教学版. 上册 / 邹赫，姚国才编著. —北京：清华大学出版社，2022.8
（青少年人工智能编程创新教育丛书）
ISBN 978-7-302-59935-7

Ⅰ.①S… Ⅱ.①邹…②姚… Ⅲ.①程序设计－青少年读物 Ⅳ.①TP311.1-49

中国版本图书馆 CIP 数据核字（2022）第 014853 号

策划编辑：盛东亮
责任编辑：钟志芳
封面设计：李召霞
责任校对：时翠兰
责任印制：杨 艳

出版发行：清华大学出版社
    网 址：http://www.tup.com.cn，http://www.wqbook.com
    地 址：北京清华大学学研大厦A座   邮 编：100084
    社 总 机：010-83470000   邮 购：010-62786544
    投稿与读者服务：010-62776969，c-service@tup.tsinghua.edu.cn
    质量反馈：010-62772015，zhiliang@tup.tsinghua.edu.cn
    课件下载：http://www.tup.com.cn，010-83470236
印 装 者：小森印刷霸州有限公司
经 销：全国新华书店
开 本：180mm×210mm   印 张：$10\frac{5}{6}$ 字 数：243千字
版 次：2022年9月第1版   印 次：2022年9月第1次印刷
印 数：1～2000
定 价：69.00元

产品编号：083470-01

　　我所在的北京市第八十中学是全国信息学奥林匹克基地和特色校，历来重视对信息学拔尖人才的培养，从这里走出了一大批在国内外信息学奥林匹克竞赛中取得卓越成绩的学生，其中有 20 多人保送清华大学、北京大学。如今，少儿编程与信息学奥林匹克竞赛得到了日益广泛的社会关注，向我咨询问题的家长也越来越多。其中，最频繁被咨询的两个问题为：如何判断我家孩子适不适合学习信息学奥林匹克竞赛的相关知识？有必要学习 Scratch 图形化编程吗？

　　至于问题 1，我觉得很难回答，因为小学生和中学生还具有很强的可塑性，不宜过早下断言。我更愿意跟家长分享如何去培养孩子的信息学素养。基于多年教学经验，我发现信息学特长生普遍具有两个特点：数学好、爱动脑。鉴于爱动脑是真正学好数学的基础，可以说"爱动脑"是信息学特长生最本质的特征。因此，我认为培养信息学素养的最核心任务就是鼓励学生勤动脑，尽量避免不动脑地记忆书本知识。

　　至于问题 2，我认为 Scratch 对于从未接触过编程的小学生和中学生是很好的编程入门工具。首先，Scratch 不失专业性，在图形化编程中同样可以原汁原味地学到变量、列表、逻辑运算等通用编程知识；其次，Scratch 极具趣味性，丰富的互动多媒体表现形式让 Scratch 比 Python、C++ 等编程语言更容易让初学者建立起学习兴趣；再次，Scratch 具有扩展性，可以用于 Arduino/Micro:bit 等智能单片机的快速开发，实现对智能家居、机器人、无人机等科技作品的智能控制。

　　近年来，经常有家长让我推荐编程入门学习资料，因此我对市面上的编程入门书做了大致的调研。虽然市面上已经有众多的 Scratch 编程书，但是大部分效仿了大学编程书的写法，类似案例步骤的说明书，缺少对读者思维的引导，在知识点衔接上存在难度跳跃现象，给低龄学生的自学带来了不小的挑战。学生往往在学习"卡顿"后将编程书束之高阁，学习编程的热情也逐渐冷却。因此对家长和学生来说，选择理想的编程入门书还是比较重要的。

本套编程书在降低编程学习入门门槛方面做出了大量努力：基于建构主义的案例编排手法有助于学生循序渐进地掌握知识，有效地避免了知识点的难度跳跃；丰富翔实且按步骤分解的操作视频可以在学生卡顿时第一时间给予帮助；以问题为切入点的写作方式让学生有跟老师对话的互动感，激发了学生的大脑活跃度，避免了被动的知识灌输。

本书相比于步骤说明书式的编程书具有很大的改善，可以作为小学生和中学生入门信息学奥林匹克竞赛的编程启蒙书，第一次接触编程的小学生和中学生都可以选用。

贾志勇

北京市第八十中学信息技术教研组组长

北京市骨干教师、北京市信息学名师工作室主持人

全国信息学奥林匹克竞赛金牌教练

前　言

　　无论您是正在书架前徘徊着帮孩子挑选 Scratch 入门图书的父母，还是正在给自己挑选 Scratch 教学参考资料的教师，或是想开始学习 Scratch 的有志青少年，都建议您认真阅读这个前言，这不仅有助于您判断本书是不是适合，也有助于加深您对少儿编程的理解。

1. 写作动机

　　人类历史中最伟大的发明是什么呢？有人认为是印刷机，有人说是蒸汽机、电灯、计算机、互联网，然而有个人的答案却是"幼儿园"。

　　提出这个观点的人正是 Scratch 少儿编程之父雷斯尼克，他从幼儿园孩子的学习过程中提炼出了"创造性学习螺旋理论"，并应用于全球最"牛"的工科大学——麻省理工学院的教育教学中。研究发现该方法对于提升大学生的创新能力具有非常显著的效果，表明该方法不仅仅适用于幼儿园小朋友，也适用于任何年龄段的学生。雷斯尼克还在麻省理工学院组建了"终身幼儿园"实验室，推广并践行该理论。

　　Scratch 正是雷斯尼克践行"创造性学习螺旋理论"的成果，他希望借助 Scratch，让青少年像幼儿园小朋友一样进行快乐、健康的学习，通过"重新创造"来理解这个世界，通过"自由创造"来表达自己，通过"反思创造"来提升知识能力，而不是被动地接收外界强加的知识和信息。如今，连哈佛大学本科生的计算机科学课程（CS50）都鼓励大学生用 Scratch 进行编程创作，可见低门槛、高天花板、宽围墙的 Scratch 已经当之无愧地坐稳了少儿编程第一语言的宝座。

在过去的 10 年里，全球已经有数千万孩子使用 Scratch 创建了自己的作品，这让雷斯尼克非常欣慰。目前 Scratch 在我国的渗透率还相对较低，但是近几年增速明显，越来越多的中国孩子投入 Scratch 编程的学习中。

福禄贝尔于 1837 年开办第一家幼儿园，就是为了改变落后的"广播教育"：教师在教室前面讲授信息，学生们坐在各自的座位上，仔细地记下这些信息，并不时地背诵自己写下来的内容，他们很少进行甚至不会进行课堂讨论。福禄贝尔给孩子们提供与玩具、工艺材料和其他物体的接触机会，让孩子们通过"重新创造"来理解这个世界。他还创造了 20 款玩具，这些玩具被称为"福禄贝尔的礼物"。福禄贝尔的思想和他的"礼物"对著名教育理论家和实践家蒙台梭利产生了深远影响，还启发了玩具制造商，诞生了"乐高"等教育玩具。

在我国，受传统"应试教育"模式根深蒂固的影响，以及升学压力的干扰，有些 Scratch 课程变成了一种披着素质教育"羊皮"的应试教育，很多课程和书本都在灌输知识点，很多比赛和考级都在考查学生对知识点的掌握程度。"广播教育"盛行的少儿编程渐渐走形，学习开始变得不再以学生为中心，不注重解决问题的思维过程，越来越少的人（包括爱子如命的父母们）会去真正关心学习编程的孩子到底是不是真的快乐。在"广播教育"面前，人们更关心学生是不是一个安分老实的听众，并不希望听到不一样的声音。

然而，笔者对国内的少儿编程教育还是充满信心的，因为有很多有情怀的教育工作者在投入精力、为之奋斗，越来越多的优质学习资源出现在网络上，越来越多的好书相继出版，也有越来越多的编程小创客走进大众的视野，这些都是信心的源泉。笔者深刻认同雷斯尼克的教育理念，在 6 年多的少儿编程教学过程中（两位笔者都曾作为外聘教师到中国人民大学附属中学、北京市第四中学、清华大学附属中学、北京中科启元学校等中小学讲授编程课，创办过一家少儿编程学习中心）也积累了一些引导学生进行思考的互动经验，因此一直想结合自己的教学经验撰写一套融入学习方法的 Scratch 图书，为我国少儿编程教育事业的发展尽绵薄之力。在一次跟清华大学出版社盛东亮、钟志芳两位编辑的交流过程中，了解到两位老师也对少儿编程领域极为关注，一直想策划一套相关图书，因此一拍即合，立项了本套图书。

2. 写作历程

笔者在教学过程中积累了丰富的案例资源及相关教学经验，此外，还曾负责两本"教育部全国普通高中通用技术国标教材"《机器人设计与制作》和《智能家居应用设计》的编写工作。教育部国标教材的高标准要求在很大程度上锻炼了笔者的写作能力，因此，笔者信心满满地答应 5 个月内交齐稿件，然而，这一写就是两年。

首先是在案例的选择上，发现原本积累的案例资源在难易程度上无法直接为每位学生搭建出循序渐进的难度阶梯，因为很多知识点依赖现场教学中与学生交流的个性化指导，要将知识点与案例顺畅融合，使每个学生学习"不卡顿"，并让书本成为"会引导的老师"，这并非易事。所以目前见诸纸端的案例很多是重新设计的。

其次是在内容的组织上，最开始借鉴了大学计算机教材的"操作步骤详解"加"知识要点说明"的内容组织方式，却发现无论如何精心地设计"知识要点说明"，都无法完整地表现出其背后的思维过程，难以传递课堂中的启发式引导，而且读者完全可以忽略操作步骤之外的任何说明。因此，笔者又花了大量时间学习国内外优秀计算机图书，基于皮亚杰的"建构主义学习理论"和雷斯尼克的"创造性学习螺旋及 4P 法则"，结合笔者多年来在课堂上的教学互动经验，从而提出了"6A 教学法"：Arouse（激发兴趣）、Ask（提出问题）、Analyze(分析问题)、Act（解决问题）、Acquire（收获总结）、Assess（测评巩固）。"6A 教学法"使本书的案例内容既得到了很好的结构化组织，又保证了表达上的灵活性。

本书的创作过程还经历了突如其来的新冠肺炎疫情，笔者在老家度过了十多年来最长的一个假期，本书的很多内容是在童年时代的书桌上完成的。编写此书的过程让笔者想起了很多童年时期的学习生活场景，那时候的笔者还没见过计算机呢，真羡慕现在的小朋友有这么多好的学习资源。

将 5 个月的稿件拖稿到了两年，最让笔者忐忑的应该就是出版社的催稿了，然而这次幸运地遇到了无比耐心的编辑，从来没有给我们带来交稿的时间压力，而是一再鼓励我们按自己的思路进行创作上的尝试，宁缺毋滥是我们达成的共识。感谢清华大学出版社盛东亮和钟志芳编辑在编写本书过程中的一路陪伴！

3. 本书特点

笔者认为解决问题的思维过程比掌握的具体知识点重要 1001 倍，故本书最大的特点就是努力创造一切让学生进行思考的条件，具体表现在以皮亚杰的"建构主义学习理论"为核心指导思想，以问题驱动式学习 (Problem-Based Learning，PBL) 为核心教学方法，将"提出问题—分析问题—解决问题"的逻辑思维路径贯穿于全书每个知识点的构建中。

本书还具有如下特点：

（1）重视选择真实生活情境作为案例背景。

一方面，孩子们的深层次热情和幸福感来自与真实世界的互动连接，而非虚拟世界的娱乐刺激；另一方面，在人类的思维认知之树中，对现实生活的认知是根，而对虚拟世界的想象是叶，根深方能叶茂。因此，本书用心选择真实生活中的情境作为案例背景，以期培养孩子热爱生活、善于观察生活的品质。例如，以"自然界中的母爱"引出"小鸡保卫战"案例，加深小朋友对母爱的认识及感恩之心；以"久坐问题"引出"体感切水果"案例，让小朋友关注肩颈运动的重要性；以"无人超市"引出"智能小超市"案例，让小朋友关注科技给生活带来的便利。

（2）分析问题时尽量从现实生活寻找类比。

建构主义认为新知识无法灌输进大脑，而是在旧知识基础上生长起来的，找到新旧知识间的关联，并鼓励孩子探索是教学的关键，因此从现实生活中寻找类比，有助于孩子快速地建立起对陌生概念的认知。例如，用哈利波特和西游记里的"咒语"来类比"程序";利用"体温与看病""室温与开风扇/空调"这两个生活化例子来解释阈值的概念;通过"爸爸妈妈骑车带我们去上学"来理解顺序结构和选择结构;借"糖醋排骨"的制作流程来讲解算法的含义、特点、流程图绘制方法及基本逻辑结构。

（3）每个案例后都留有个性化创意拓展空间。

编程图书的撰写离不开案例，但是书中只能呈现出案例的一种实现方式。如何给学生留有更多的个性化创作空间呢？本书一方面在"问题分析"中尽量寻找问题的不同解法；另一方面在每个案例后面都留有拓展问题，鼓励学生在每个案例的基础上进行个性化拓展；在"学习测评"环节还给学生准备了与案例类似的设计题，鼓励学生创造性地进行知识迁移。

（4）完成每个案例后及时进行收获总结。

本书在每个案例后都从"生活态度""知识技能""思维方法"三方面进行了收获总结，一方面有助于让学生养成总结、归纳的好习惯；另一方面方便日后复习时的信息检索。

（5）提供丰富的线上学习资源和答疑服务。

笔者提供了在线演示视频、原始素材文件、学员案例作品等线上资源作为本书的有力补充。对于刚入门一个新领域的学习者来说，最害怕的无疑是看着书中的图文指导却依旧在计算机上无法实现程序效果，尤其是对文字理解能力还比较有限的中小学生。因此本书还提供了分步演示视频和分步程序示例，初学者再也不用担心学不会了！

4. 6A教学法

提出并践行"6A 教学法"是本书最大的突破，它是笔者结合皮亚杰的"建构主义学习理论"、雷斯尼克的"创造性学习螺旋及 4P 法则"及自身多年教学经验的思想成果。在撰写本书的同时，笔者已经将"6A 教学法"用于线上线下的少儿编程教学实践，在激发学生主动思考、活跃课堂氛围方面收到了非常好的效果。

"创造性学习螺旋"是指像幼儿园小朋友一样自发地接触和探索周围世界的过程，

包括"想象—创造—游戏—分享—反思—想象"的多次反复循环，具有很大的发散性和不确定性，比较适用于个性化探究式学习，在实际应用过程中，创造性学习螺旋对活动组织者的要求比较高。一方面需要具备比较丰富的知识储备；另一方面需要具备比较好的组织协调能力。雷斯尼克为此提炼出了指导活动组织的"4P 法则"，具体包括项目（Project）、热情（Passion）、同伴（Peers）和游戏（Play）四项，该法则是落实创造性学习螺旋的非常实用的简易思维框架。

"6A 教学法"中的 Arouse 环节侧重于通过真实生活中的情境激发学生的创作热情（Passion），并赋予学生创作的使命感和目标感。书中每节的情景导入即"6A 教学法"中的 Arouse 环节。例如，案例"聪明小管家"通过放眼人类的机器人梦想，鼓励学生用自己的智慧创作出虚拟的机器人小管家，让学生的创作热情油然而生；案例"多彩花儿开"介绍了花儿的美好和凋零的无奈，让学生乐于化身为设计永不凋零花朵的护花使者。

"6A 教学法"中的 Ask—Analyze—Act 环节是创造性解决问题的基本路径，也是进行知识建构的有力工具。首先，在 Ask 环节将案例拆解为一个个循序渐进的问题，引导学生基于问题的螺旋式探究学习；其次，在 Analyze 环节进行"旧辅新知"和"思维点拨"，为学生开展问题分析搭建"脚手架"；最后，在 Act 环节让学生动手解决问题，体会游戏（Play）的乐趣。在上述实施过程中，因为紧密围绕着"提出问题—分析问题—解决问题"的路径进行，本书如同在与学生对话一样，不断启发学生思考，就像是陪伴学生进行探险的同伴（Peers），而不是冷冰冰的说明书。

"6A 教学法"中的 Acquire 和 Assess 环节有助于巩固学生对知识和技能的掌握，并作为效果反馈完成"学以致用"的学习闭环。在本书中，收获总结部分对应 Acquire 环节，以表格形式总结本节主要内容。Assess 环节以答题的方式对知识进行巩固。

5. 使用建议

本书适合青少年学习使用，其中 8 岁以下的学生适合在父母或老师的陪伴下使用。

此外，本书还可以作为校内少儿编程兴趣班和校外少儿编程培训机构的辅导用书。

俗话说，"光说不练假把式""纸上得来终觉浅，绝知此事要躬行"。笔者认为对于本书，只看不练就是假学习，希望同学们不要把本书当成故事书来读，而是要边阅读边在自己的计算机上进行创作。

本书提供丰富的在线演示视频、原始素材文件、学员案例作品等线上资源，用手机扫描每个案例相应的二维码即可观看演示视频。

6. 诚挚感谢

本书的两位撰写者既是共同奋斗在青少年科技创新教育路上的"战友"，也是在人生路上长相厮守的伴侣。本书的成功出版，离不开我们相互的理解和支持，创作时，我们轮流在老师与学生的角色中换位体验，若干案例都曾被两人来回修改多轮，也曾因编书结构激烈争论，然而我们始终深知交流碰撞是进步的最佳方式。我们给了彼此不断前进的力量。

感谢我们的父母为我们营造了幸福的家庭环境，让我们能够投入更多的精力到本书的创作之中；感谢中国人民大学附属中学特级教师李作林主任、北京师范大学附属实验中学迟蕊老师等名师在我们刚踏入青少年科技创新教育道路时的启蒙；感谢北京航空航天大学机器人研究所名誉所长王田苗教授高屋建瓴的指导；感谢清华大学出版社盛东亮和钟志芳两位编辑在本书撰写过程中提出的宝贵建议。感谢谢绍玄、李俊慧、吴怡、蔡卓江、毕媛媛、杨钦辰等各位老师在本书创作和视频录制过程中的帮助。最后，还要感谢我们的每一位可爱的学生，你们充满了让人惊叹的创造力和蓬勃旺盛的求知欲，正是你们带给了我们最强的创作动力。

限于我们的水平和经验，疏漏之处在所难免，敬请读者批评指正。

邹　赫　姚国才

2022 年 6 月

目　　录

第 1 章　遇见神奇的 Scratch

　　小朋友，你们知道什么是编程吗？你们知道编程语言是怎么被发明出来的吗？你们知道世界上有多少种编程语言吗？你们知道几款主流编程语言的特点吗？你们接触过专门为青少年量身定制的编程语言 Scratch 吗？不知道这些问题的答案也没关系，通过本章的学习，你们将会找到全部答案。

　　想编写出自己的第一个程序吗？让我们开始第 1 章的学习吧，一起遇见神奇的 Scratch！

·本章主要内容·

・编程语言的基础知识（含义、种类、发展、应用、难度）·

・Scratch 的基础知识（功能、渊源、界面、入门引导）·

1.1 编程语言的基础知识
——案例1：编程语言之华山论剑

1.1.1 情景导入

华山论剑是金庸著名武侠小说《射雕英雄传》中的一个经典场景，话说当年东邪、西毒、南帝、北丐与中神通五大武林高手在华山之巅大战七天七夜，争夺"天下第一"的名号，最终中神通王重阳力压群雄，成为武林至尊。编程语言世界中争夺王者宝座的精彩程度不亚于武侠世界，目前比较主流的编程语言有接近计算机底层运行机制的低级语言：机器语言、汇编语言等；有接近人类思维模式的高级语言：Python、Java、C 语言、Scratch 等。其中 Scratch 就是本书主角，我们可以通过 Scratch 感受整个编程语言世界的魅力。

1.1.2 案例介绍

1. 功能实现

设想在编程语言世界中，为了争夺王者宝座，Python 大侠、Java/JavaScript 二仙、C/C++/C# 三圣、Scratch 猫小弟之间展开了一场激烈的争锋论战，让我们来评评谁才是"天下第一"吧！图 1-1 是这几种常用的高级语言。

首先我们要循序渐进地理解编程语言的含义和功能是什么，认识编程语言是如何发展起来

图 1-1 常用的高级语言

的，了解主流编程语言都有哪些独特的优势技能、擅长的领域，由此就能知道这些编程语言的江湖地位啦。

2. 流程设计

本案例流程设计如图 1-2 所示。

图 1-2　流程设计

1.1.3　知识建构

1. 理解编程语言的含义

我们在生活中经常听人们提起各种各样的编程语言，那什么是编程语言呢？

编程语言就是人类用来控制计算机的语言

（1）程序指令。

在《哈利·波特》中的魔法学校，同学们念动咒语就可以让东西飘起来甚至变成其他东西，咒语实现了人对物的控制，而程序（也叫指令）实现了人对计算机的控制，因此程序就是人类用来控制计算机的"咒语"。

（2）编程语言。

不同地方的人用不同的语言来念咒语，无论哪种语言，都是人类使用的语言。那么人们为了控制计算机念的"咒语"是什么呢？答案就是编程语言。

 **Act**

了解了什么是编程语言，同学们是不是已经跃跃欲试了呢？例如，指令 Forward (1) 代表前进 1 格，括号里的数字代表前进的距离；指令 Turnright(45) 代表右转 45 度，括号里的数字代表右转的角度，请在方框中画出执行下列指令（见图 1-3）后小虫的轨迹。

Forward(5)；
Turnright(90)；
Forward(5)；
Turnright(90)；
Forward(5)；
Turnright(90)；
Forward(5)；

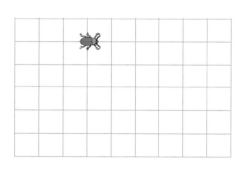

图 1-3　小虫轨迹方框

如果你画出的是边长为 5 格的正方形，那么恭喜你读懂了上面的编程语句！

2. 区别编程语言的类别

 **Ask**

人类社会有非常多的语言，那么在计算机世界，除了上面提到的编程语言，还有其他的编程语言吗？世界上总共有多少种编程语言呢？

编程语言的种类

总的来说，世界上有两类编程语言，分别是低级语言和高级语言，如图 1-4 所示。

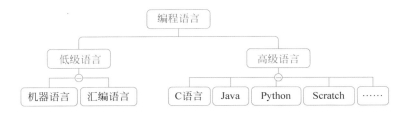

图 1-4　编程语言的种类

（1）低级语言：是更接近于计算机底层运行机制的机器指令，包括机器语言和汇编语言两种，其示例如图 1-5 所示。机器语言是计算机中最原始的语言，由 0 和 1 组成。汇编语言比机器语言先进，它用容易理解和记忆的字母或单词表示计算机的指令。

```
BF  C3  1E  B8
BF  83  1E  B8
A8  83  5E  B8
1F  91  01  71
2A  01  00  54
A8  83  5E  B8
A9  C3  5E  B8
28  01  08  0B
A8  C3  1E  B8
A8  83  5E  B8
08  05  00  11
A8  83  1E  B8
F6  FF  FF  17
A8  C3  5E  B8
E9  03  08  AA
```

```
START:  CLR  C
        MOV  DPTR,#ST1
        MOVX A,@DPTR
        MOV  R2,A
        INC  DPTR
        MOVX A,@DPTR
        SUBB A,R2
        JNC  BIG1
        XCH  A,R2
BIG0:   INC  DPTR
        MOVX @DPTR,A
        RET
BIG1:   MOVX A,@DPTR
        SJMP BIG0
```

(a) 机器语言　　　　　　　　　　(b) 汇编语言

图 1-5　低级语言示例

（2）高级语言：是更接近人的思维模式的语言，发展至今已经有 2500 多种，有些高级语言使用的人很少，类似人类语言中的"小语种"。C 语言和 Scratch 示例如图 1-6 所示。

```c
#include <stdio.h>
int getGirth(int a,int b,int c)//形参
{
    if((a+b)<=c||(a+c)<=b||(b+c)<=a)//判断三角形
    {
        printf("不构成三角形\n");
        return 0;
    }
    else
    {
        int cirf = a + b + c;
        return cirf;// 求取周长
    }
}
int main()
{
    int a, b, c;
    a = 3;
    b = 4;
    c = 5;
    printf("三角形的周长是: %d\n",getGirth(a, b, c));
    return 0;
}
```

(a) C语言   (b) Scratch语言

图 1-6　C 语言和 Scratch 语言示例

 *Act*

通过网络搜索，写出下列编程语言是哪国人开发的。

Python（　　　） Java（　　　） JavaScript（　　　） C 语言（　　　）

C++（　　　） C#（　　　） Scratch（　　　）

没想到我国在编程语言的发明上略有落后吧！小朋友，一起加油吧！学好编程，为国争光！

 *Ask*

既然高级语言更接近人的思维模式，也有 2500 多种，为什么低级语言还没有被淘

汰呢？为什么还有人愿意继续使用低级语言呢？

高级语言和低级语言各有所长

高级语言中的"高级"和低级语言中的"低级"指的并不是编程语言性能的优劣，越高级的语言越容易被人看懂和理解，越低级的语言则越容易被机器快速读懂，两者都有存在的意义。

计算机只能读懂由数字 0 和数字 1 组合成的机器语言（用简单的 0 和 1 就可以表示万事万物），其他编程语言都需要转换成机器语言才可以被计算机内的硬件电路读懂。

一般编程语言向机器语言转换的工作可以让计算机自己来做。有些编程语言翻译起来比较快，有些则比较慢，我们将这作为编程语言效率高低的判断依据，汇编语言就是效率特别高的语言。

请将机器语言、汇编语言、C 语言三者的效率从高到低排列下。

这三种编程语言中执行效率最高的是（　　　　）。

3. 认识编程语言的发展

现在已经有这么多编程语言了，那么最古老的编程语言是什么呢？而最新的编程语言又是哪种？

最早的编程是纸带打孔编程

在计算机正式出现之前，其实已经有编程技术了，很不可思议吧！法国发明家雅卡尔在 1801 年建造了一台由打孔纸带控制的织布机（见图 1-7），可以机械地织出特定的花纹。这台织布机对计算机的发明起到重要的启发作用，这种纸带打孔被认为是最早的编程技术，美国正是利用这种"编程技术"完成了计算量庞大的人口普查数据统计。

美国在 1880 年进行的人口普查，全靠手工处理数据，历时 7 年才得出最终结果。随着人口的不断增长，普查难度增加，导致下一轮人口普查开始了，上一轮普查的数据结果还没出来。为了解决这个问题，美国人口调查局职员赫尔曼·何乐礼发明了用于人口普查数据统计的打孔卡片制表机（见图 1-8），并在 1889 年申请了发明专利。打孔卡片制表机的应用，使得 1890 年美国的人口普查仅仅用了 6 个星期。人们一般认为打孔卡片制表机是计算机的前身，当时创建的制表公司就是 IBM 公司的前身，后来 IBM 公司开创了个人计算机时代。

图 1-7　早期由打孔纸带控制的织布机　　　图 1-8　人口普查数据统计用的打孔卡片制表机

最早的高级语言FORTRAN是服务于计算的

世界上第一个被正式推广使用的高级语言是 FORTRAN (Formula Translation 的缩

写），意思为"公式翻译"。它的设计是为了解决科研、工程、管理中需要用数学公式表达的问题。计算机在刚被发明出来的时候是用来做计算的，当时还没有互联网，播放不了视频，玩不了游戏，功能远不如大家手上的科学计算器，这回知道为什么叫作"计算机"了吧！

新的编程语言在不断出现

最新的编程语言是什么？这个问题没有固定答案，因为新的编程语言会不断地出现。最近网上新出现一种"文言文编程语言"（见图 1-9），很新奇吧。过几年，你们也可以设计出自己的编程语言，不管你们是否相信，反正我是相信你们的！

```
吾有一術。名之曰「埃氏篩」。欲行是術。必先得一數。曰「甲」。乃行是術曰。
    吾有一列。名之曰「掩」。為是「甲」遍。充「掩」以陽也。
    除「甲」以二。名之曰「甲半」。

    有數二。名之曰「戊」。恆為是。若「戊」等於「甲半」者乃止也。
    有數二。名之曰「戊」。恆為是。若「戊」等於「甲半」者乃止也。

        乘「戊」以「戊」。名之曰「合」
        若「合」弗大於「甲」者。
            昔之「掩」之「合」者。今陰是矣。
        若非乃止也。
        加一以「戊」。昔之「戊」者。今其是矣云云。
    加一以「戊」。昔之「戊」者。今其是矣云云。

    吾有一列。名之曰「諸素」。
    有數二。名之曰「戊」。恆為是。若「戊」等於「掩」之長者乃止也。
        夫「掩」之「戊」。名之曰「素耶」。
        若「素耶」者充「諸素」以「戊」也。
        加一以「戊」。昔之「戊」者。今其是矣云云。
    乃得「諸素」。
是謂「埃氏篩」之術也。

施「埃氏篩」於一百。書之。
```

```
二。三。五。七。
一十一。一十三。
一十七。一十九。
二十三。二十九。
三十一。三十七。
四十一。四十三。
四十七。五十三。
五十九。六十一。
六十七。七十一。
七十三。七十九。
八十三。八十九。
九十七。
```

图 1-9　文言文编程语言

请通过网络搜索，将下面几种编程语言按诞生时间由长到短的顺序排列。

Python、Java、JavaScript、C 语言、C++、C#、Scratch

这七大编程语言中最古老的是（　　　），最新的是（　　　）。

4. 了解编程语言的难度

编程语言这么多，哪个编程语言最难学呢？哪个最容易学呢？

最难学和最容易学的编程语言

（1）C++ 是最难学的主流编程语言。

（2）Python 是比较容易掌握的编程语言。

（3）Scratch 是最容易入门的编程语言。

为了让自己的编程学习之路更加顺畅，请帮自己制定一个编程学习计划。

请将 C++、Python、Scratch 三者按由简到难的学习顺序排列。

这三种编程语言中最适合初学者作为学习起步语言的是（　　　）。

5. 欣赏编程语言的论战

最近，为了争夺编程语言世界里的"天下第一"，在 Python 大侠、Java/JavaScript 二仙、C/C++/C# 三圣、Scratch 猫小弟之间也展开了一场激烈的争锋论战，到底谁能登上编程语言的王者宝座呢？

不同编程语言的独特优势

下面有请各位大侠陈述一下自己的主要战绩和独特优势，大家一起鼓掌！

Python 大侠：传说中的人工智能编程第一语言就是本尊，我在人脸识别、语音识别、大数据、自动驾驶等方面被广泛应用。我诞生于 1991 年，人缘特好，江湖人称"胶水语言"，擅长于将不同编程语言写的代码组合到一块。

Java/JavaScript 二仙：其实我们并没有血缘关系，只是名字比较像而已，就像雷锋跟雷峰塔之间也没有什么关系一样，但名字像也说明我们很有缘。Java 诞生于 1995 年，是手机 Android 系统开发的第一编程语言，也是世界上使用人数最多的编程语言，风靡全球的游戏《我的世界》就是用 Java 语言编写的。而 JavaScript 也诞生于 1995 年，是一款为网页动态效果显示而生的编程语言，如果没有 JavaScript，就没有精美的动态网页。

C/C++/C# 三圣：我们并不是三兄弟，而是爷孙三代。爷爷 C 语言诞生于 1972 年，是编程语言中的老前辈，其实几乎所有现代编程语言都脱胎于 C 语言，可谓儿孙遍天下，了解 C 语言可以帮助大家快速掌握其他各类编程语言，这也是为什么现在很多大学的计算机基础课都选用 C 语言的原因。父亲 C++ 诞生于 1983 年，几乎无所不能，基本上所有的操作系统和绝大多数的商品软件都是用 C++ 作为主要开发语言的，但

C++ 也是主流编程语言中最难学的，编程高手都以驾驭 C++ 为荣。而 C# 诞生于 2000 年，尤其擅长于 Windows 桌面应用程序和游戏开发。

　　Scratch 猫小弟：谦虚一点，请叫我少侠，我诞生于美国麻省理工学院，是 2007 年问世的一款图形化编程工具，全球最著名的青少年编程语言非我莫属了，我是一款超级易用的编程语言，连五六岁的小朋友都可以使用我进行编程创作。年纪虽小，但是我的功能却一点都不简单，创作交互式故事、动画、游戏、音乐和艺术等作品都不在话下。

　　看完上面的争锋论战，请说说谁才是你心目中的天下第一编程语言吧！

　　实际上，在不同的"天下"，就有不同的"第一"。当你是一个编程专家时，如果你专注设计人工智能系统，例如开发自动驾驶程序，Python 可能就是你心中的天下第一高效神器；如果你是手机应用功能 App 软件的设计师，或许 Java 就是你的最爱；如果你要开发复杂的软件或游戏，C/C++/C# 三圣将给你最强的力量；而如果你是一个编程初学者，想在最短的时间（比如 1 天）制作出炫酷的动画和程序，那么 Scratch 就是你最轻便的利剑，帮助你掌握编程的基础逻辑，让你像日常说话一样超级简单自然地写出程序作品。

　　现在，作为初学者，让我们先从 Scratch 开始入门吧！

1.1.4　收获总结

类别	收　获
生活态度	通过了解早期由打孔纸带控制的织布机对计算机的发明起到的启发作用，激发我们对日常事物的好奇心和敬畏心

续表

类别	收 获
知识技能	（1）编程语言是人类用来控制计算机的语言，就像哈利波特魔法学院里面用来控制羽毛的咒语； （2）编程语言包括机器语言、汇编语言和高级语言，其中机器语言由0和1数字组成，是计算机最原始的语言，高级语言有2500种以上； （3）最早的编程语言是由纸带打孔演变而来，美国利用这种编程语言完成了计算量庞大的人口普查数据统计，赫尔曼·何乐礼发明的打孔卡片制表机是计算机的前身，当时创建的制表公司就是开创了个人计算机时代的IBM公司； （4）最早的高级语言是FORTRAN，随着编程语言的发展，还会有新的编程语言不断出现； （5）C++是最难的编程语言，Scratch是最适合小学生作为学习起步的编程语言，Python是比较容易入门的编程语言
思维方法	通过咒语的概念类比程序的概念，培养类比思维

1.1.5 学习测评

一、选择题（单选题）

1. 世界上有多少种编程语言？（ ）

　　A. 2　　　　　　　　　　B. 8

　　C. 100　　　　　　　　　D. 数千

2. 下列哪种编程语言更接近于计算机的机器指令？（ ）

　　A. 低级语言　　　　　　　B. Python

　　C. Scratch　　　　　　　 D. C++

3. 计算机最原始的语言是什么？（ ）

　　A. Python　　　　　　　　B. Scratch

　　C. 机器语言　　　　　　　D. 汇编语言

4. 最早的编程语言是什么？（　　　）

    A. Python   B. Scratch

    C. 汇编语言   D. 纸带打孔

5. 为什么还有人在继续使用低级语言，而没有将低级语言淘汰掉？（　　　）

    A. 高级语言比较难，而低级语言比较容易，因此有些人继续用它

    B. 低级语言正在被淘汰，只是还没被完全淘汰

    C. 低级语言所谓的"低级"并不是指性能差，而是指更接近计算机硬件，低级语言的运行效率比较高，因此有它适用的场合

    D. 低级语言就像"小语种"，使用的人虽然少，但是一直都有用

6. 下列哪个编程语言最适合小学生入门？（　　　）

    A. Java   B. Python

    C. Scratch   D. C++

二、判断题（判断下列各项叙述是否正确，对的在括号中填"√"，错的在括号中填"×"）

1. Scratch 是低级语言。（　　　）

2. 汇编语言是计算机中最原始的语言。（　　　）

3. 低级语言的性能比高级语言差。（　　　）

4. 世界上已经有几千种编程语言。（　　　）

1.2　Scratch 的基础知识
——案例2：热情的小猫

1.2.1　情景导入

　　在第 1 章中提到，五六岁的小朋友都可以通过 Scratch 进行编程创作。有没有搞错？才五六岁的小朋友怎么可能懂得编程？

　　没有搞错，Scratch 就是这么神奇，等你掌握了它，就像马良有了神笔，可以创造出无限的奇迹。在 Scratch 诞生之前，大多数人都是等到上大学才开始学编程，在中学就开始学编程的人寥寥无几。而如今，很多小学都开设了 Scratch 编程课，编程兴趣班已经像钢琴、美术、篮球、游泳等一样普及，小学生已经能通过编程设计动画、游戏等创意作品了。

　　准备好了吗？让我们有请 Scratch 闪亮登场吧！我们将一起完成第一个 Scratch 小作品，你会发现，做个小设计师如此简单！

1.2.2　案例介绍

　　本案例效果如图 1-10 所示。

1.　功能实现

　　蓝天下，树林前，小猫和小企鹅见面了，热情的小猫向小企鹅打招呼，说道"你好！"，随后小企鹅回答道"你好！我从南极来！"

图 1-10　热情的小猫

2. 素材添加

角色：小猫 Cat、企鹅 Penguin 2。

背景：天空 Blue Sky。

3. 流程设计

本案例流程设计如图 1-11 所示。

程序效果
视频观看

图 1-11　流程设计

1.2.3　知　识　建　构

1. 认识Scratch的强大功能

Scratch 好像很神奇，那么它到底有什么功能呢？

制作好玩的游戏

亲爱的小朋友，知道为什么那么多人喜欢玩游戏吗？当然是因为游戏好玩啦！但是为什么大家会觉得游戏好玩呢？

美籍心理学家米哈里·齐克森在 1975 年提出了著名的"心流"理论，"心流"状态指的是一种将个人精神完全投入某种活动中，从而进入忘我的状态。这种体验可以带来强烈的兴奋感和充实感。

经过心理学家研究，进入"心流"状态需要同时满足四个条件：清晰的目标、非确定路径、适度的挑战和即时的反馈。

清晰的目标让我们找到行动的目标感！

非确定路径让我们保持体验的新鲜感！

适度的挑战制造全身心投入的兴奋感！

即时的反馈增加完成任务后的满足感！

回想一下，当你在玩喜欢的游戏或解有趣的数学题时，是不是经常有忘记周围世界的美妙体验，这种体验就是目标感、新鲜感与兴奋感共同作用的结果。当事情完成后，父母的表扬与奖励又会让你感到非常开心，产生满足感。

心流状态让我们乐于将自己的注意力和精力投入所做的事情中，并乐此不疲！那些火爆的游戏背后都有心理学专家在出谋划策，布置好了一个个心流"陷阱"，让玩家们忘乎所以地沉迷其中。

与其陷入别人在游戏里设计好的心流陷阱，不如自己成为"造物主"，自己定义游戏世界里的秩序和规则，想想是不是很激动？你完全可以使用 Scratch 编程语言开发出属于自己的游戏，在玩的过程中学会"高大上"的编程。

请欣赏一些中小学生用 Scratch 完成的趣味游戏作品吧，如图 1-12 ～图 1-14 所示。

扫码体验

名称：双人五子棋。

功能：单击[1]实现拾取黑白棋子，单击棋盘落子，轮流落子，直到某一方实现5个棋子连成一线，从而获胜，游戏结束。

图 1-12　双人五子棋

---

[1] 书中正文统一用"单击"表示按一下鼠标左键，但是个别图由于是软件的界面图，保留"点击"表述。

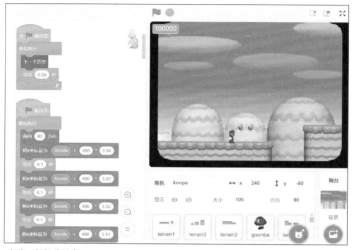

扫码体验

名称：超级马里奥。
功能：单击开始游戏，由←、→、空格键控制小探险者马里奥。
移动、跳跃，并通过吃金币、用脚踩掉蘑菇人等行动来得分。

图 1-13　超级马里奥

扫码体验

名称：趣味打地鼠。
功能：单击开始游戏，鼠标控制锤子移动，单击打
地鼠，打到地鼠会获得积分，时间到则游戏结束。

图 1-14　趣味打地鼠

制作好用的学习工具

Scratch 不仅可以用来编写游戏，锻炼我们的逻辑思维能力，还能帮助我们更好地掌握知识。例如，Scratch 可以用来设计制作学习小工具：算数我最棒（数学）、我爱背古诗（语文）、英语大闯关（英语），百闻不如一见，请欣赏如图 1-15 ～图 1-17 所示的学生作品吧！

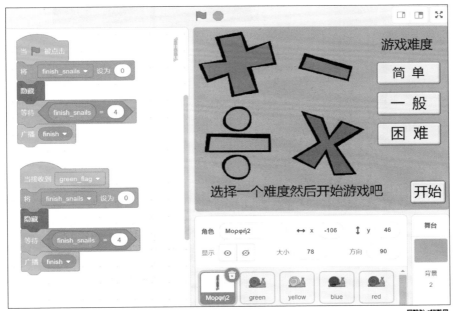

名称：算数我最棒。
功能：这是一个锻炼计算能力的游戏，右侧选择游戏难度，左侧单击 +、−、×、÷中的一个符号选择计算模式，然后单击"开始"按钮，看到计算问题就输入答案，答案正确蜗牛就能向前跑一步，看看哪只蜗牛最先到达终点！

扫码体验

图 1-15　算数我最棒

边玩边学是多少小朋友做梦都在想的事情啊！恭喜你！今天要美梦成真啦！Scratch 可以让很多我们平时觉得枯燥的学习内容变得生动有趣！

名称：我爱背古诗。

功能：小朋友比比谁的诗词知识积累更好。请小朋友根据诗人的提问在下方问答框内写出对应的回答，通过动画演示，提升小朋友古诗积累量。

扫码体验

图 1-16　我爱背古诗

名称：英语大闯关。

功能：英语大闯关游戏，游戏有两种模式可以选择。"单词回家"是根据中文意思，单击选择英文单词；"你说我拼"难度更高，是根据中文提示，拼写出英文单词，由此逐步积累自己的词汇量。

扫码体验

图 1-17　英语大闯关

Act

　　小朋友，是不是很想用 Scratch 做一个既好玩又有用的程序呢？那就让我们一起来畅想一下吧！你想用 Scratch 开发出什么样的作品？你又想给你的作品起一个什么样的名称呢？把你的想法先写下来。

　　作品名称：

　　功能描述：

　　功能构思也是编程活动的一部分哦！恭喜你由此正式踏上了编程之路！等你掌握了 Scratch 编程语言后，就可以将它真正编写出来了。

2.　了解Scratch的显赫家世

Ask

　　世界上的几千种编程语言基本上都是为工程师服务的，唯独 Scratch 是为孩子量身定制的。对这款备受小朋友喜爱的编程语言，你们想了解它的身世吗？

Analyze

　　Scratch 的家世可显赫了，说来话长，这要从 Scratch 的曾祖父说起，话说当年……还是让 Scratch 自己来讲讲吧！

　　Scratch：我的曾祖父原本是一位天才生物学家，他 10 岁的时候在公园发现一只患有白化症的小麻雀，随即写了一篇关于白化症麻雀的文章并发表，后来又发表了一系列关于软体动物的论文，轰动了整个欧洲的动物学界。后来他因为对儿童思维的形成与发展机制产生极度浓厚的兴趣而开始转向心理学研究，并提出了"发生认知论"，揭示了儿童的智力是如何发展与构建的，并据此提出了"建构主义学习理论"，该理论是当今西方最为流行的学习理论，对全球的教育模式变革产生了深远的影响。我的曾祖父就是近代最著名的儿童心理学家——皮亚杰。

Scratch：我的祖父派珀特是近代人工智能领域的先驱者之一，他将皮亚杰的"发生认知论"与计算机技术相结合，在 1968 年发明了 LOGO 编程语言，致力于帮助儿童更具创造性地表达自己并实现内心的想法，这是人类历史上第一个专门为儿童研发的编程语言，如图 1-18 所示。许许多多当今叱咤风云的互联网大佬都得益于对 LOGO 编程语言的学习，才早早步入编程领域，并一步步有了后来的成就。搜狗首席执行官（CEO）王小川就是在小学四年级的时候在少年宫接触到了 LOGO 编程语言，从此一发不可收地拿遍了国内各项编程竞赛大奖，并进入了信息学奥林匹克竞赛国家集训队，一步步成长为当今的 IT 大佬。

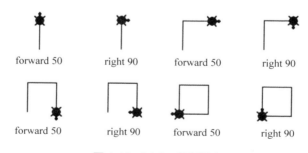

图 1-18　LOGO 编程语言

Scratch：我的父亲是雷斯尼克，是麻省理工学院媒体实验室终身幼儿园团队的掌门人，他继承了我的祖父派珀特的衣钵，致力于探究如何借助技术让儿童成长为具有创造性思维的人，小朋友超级喜欢的乐高机器人就是他发明的。因为他在发明我时深受乐高积木的拼插方式与 LOGO 编程的启发，所以现在大家用我来编程就像拼插乐高积木一样方便，而且可以在我身上找到很多 LOGO 编程的影子。没想到我大哥就是乐高机器人吧，以后请大家多多关照我哦！

　　为了让儿童更具创造性地表达自己，展现内心的想法，皮亚杰、派珀特、雷斯尼克（见图 1-19）师生三代人经过近百年的不懈努力，才最终开发出了 Scratch。

皮亚杰　　　　派珀特　　　　雷斯尼克

图 1-19　Scratch 创造者

　　传闻很多互联网大佬都是从小就开始学习编程的，请调研一下以下大佬开始学习编程的时间吧！

　　比尔·盖茨（　　　　）乔布斯（　　　　）扎克伯格（　　　　）

　　雷军（　　　　）李彦宏（　　　　）王小川（　　　　）

　　小朋友，你现在几岁了？从小学习编程对于培养逻辑思维和创新能力具有很大的促进作用，还在等什么？让我们从现在开始一起探索神奇而精彩的编程世界吧！

3.　Scratch的容颜

　　Scratch 到底长什么样子？快来揭开它的面纱吧！

Analyze

预备！华山论剑正式开始！北丐洪七公使出了降龙十八掌，挡住了西毒欧阳锋的蛤蟆神功……当我们设计这样一场舞台剧的时候，都需要做哪些工作呢？首先，我们需要找到合适的演员和道具；然后，需要有个剧本指导剧情的发展，并指导角色化妆、背景布置、配音制作；最后，还需要一个舞台，让舞台剧能够清楚地呈现在观众面前。

Scratch 的界面也是这么设计的，Scratch 3.0 的界面可以分为素材准备区、内容编辑区和舞台展示区。在素材准备区，可以选择所需的角色造型和舞台背景；在内容编辑区，可以编写控制整个程序运行效果的控制指令，并对角色造型、舞台背景、声音效果进行编辑；在舞台展示区，可以让各个角色和背景的互动效果充分展示出来，如图 1-20 所示。

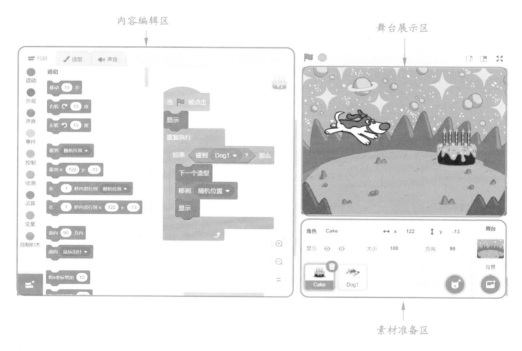

图 1-20　Scratch 界面

Scratch 的界面到目前为止经历了三个版本的发展，每一次版本升级都大幅度提高了它的颜值，也不断增加更"高大上"的功能。Scratch 3.0 不仅增加了视频侦测、文字朗读、翻译等功能积木，而且增加了支持 micro：bit 和乐高 EV3 机器人的拓展积木，功能已经非常强大了，Scratch 不同版本的界面如图 1-21 所示。

 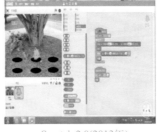 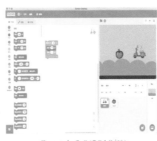

Scratch 1.0(2007年)　　　　Scratch 2.0(2013年)　　　　Scratch 3.0(2019年)

图 1-21　Scratch 不同版本的界面

对比 Scratch 三个版本的界面，你觉得有哪些进步呢？将你的想法写到下面的横线上吧！

———————————————————————————————

4. Scratch新手入门引导

视频观看

我国宋代著名诗人陆游曾说过："纸上得来终觉浅，绝知此事要躬行。"小朋友，还在等什么？还不赶紧亲自体验一下 Scratch 编程！

那么该如何开始呢？

Analyze

先来了解初次进行 Scratch 编程的一般过程。

（1）准备计算机。配置 Windows 系统或者 macOS 系统的计算机都可以，Scratch 对计算机配置的要求并不高，能流畅观看在线视频的计算机基本都可以。

（2）安装软件。可以到 Scratch 官网下载并安装 Scratch 离线编程软件，或者直接进入在线编程平台，在云端进行在线编程。

（3）添加素材。打开 Scratch 软件，默认界面只有一个小猫 Cat 的角色，舞台的背景是纯白色的，可以根据需要添加"背景"和"角色"。

（4）编辑内容。通过对舞台和角色的代码、造型和声音进行编辑，按照剧本实现整个程序。

Act

下面以"热情的小猫"为例，具体介绍 Scratch 3.0 的基本操作。这个案例比较简单，小朋友跟着一起做吧！

打开 Scratch 软件，默认已经新建了一个程序，我们可以直接进行编程操作。默认界面如图 1-22 所示，接下来添加"背景"和"角色"。

步骤 1：添加背景。

当我们将鼠标移动到 Scratch 软件界面右下角的"添加背景"按钮上，会发现出现了四个选项（如图 1-23 所示），对应着"添加背景"的四种不同方法，从上到下依次是：

（1）上传背景——手工上传一张图片到 Scratch 中作为背景。

（2）随机选择——自动选择一个 Scratch 背景库中的背景。

（3）自主绘制——使用画笔工具自主绘制一个 Scratch 背景。

（4）自主选择——手工选择一个 Scratch 背景库中的背景。

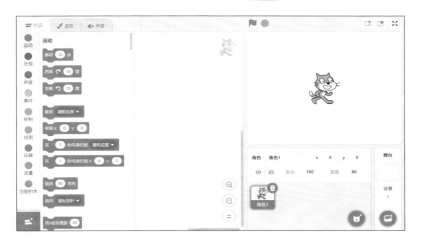

图 1-22　默认界面

——上传背景
——随机选择
——自主绘制
——自主选择

选择一个背景

图 1-23　"添加背景"操作

选择第四种方法"自主选择"，就会弹出"背景库"，这里存放了很多背景素材。假如要选择的背景是 Blue Sky，就把鼠标指针移动到背景 Blue Sky 上方，等鼠标指针变成"小手"后单击，原本空白的舞台背景就被替换成背景 Blue Sky 了，添加背景成功，如图 1-24 所示。

图 1-24 "自主选择"添加背景 Blue Sky

步骤 2：添加角色。

在"热情的小猫"程序中，还需要添加一个企鹅的角色。添加角色的方法跟添加背景类似，将鼠标指针移动到"添加角色"按钮上，就会弹出和"添加背景"类似的四个选项，如图 1-25 所示。从上到下依次是：

（1）上传角色——手工上传一张图片到 Scratch 中作角色。

（2）随机选择——自动选择一个 Scratch 角色库中的角色。

（3）自主绘制——使用画笔工具自主绘制一个 Scratch 角色。

（4）自主选择——手工选择一个 Scratch 角色库中的角色。

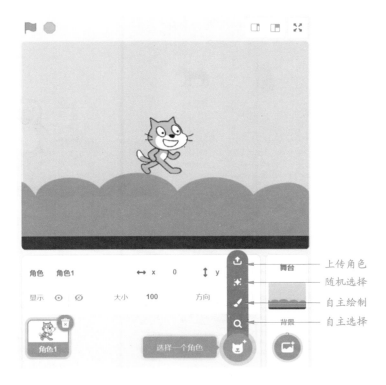

图 1-25　"添加角色"操作

　　选择"自主选择"，就会弹出"角色库"，这里存放了很多角色素材。可以借助"分类标签"，快速找到想要的角色，例如单击"动物"标签。"角色库"中的"角色"是按照英文名称首字母从 a 到 z 的顺序进行排列的。企鹅英文名 Penguin 的首字母是 P，滚动鼠标滚轮依次找到首字母为 P 的角色，就可以快速找到企鹅。找到企鹅角色 Penguin 2 后，把鼠标指针移动到它上方，等鼠标指针变成"小手"后单击，舞台上就会多出一只小企鹅，如图 1-26 所示。

　　此外，如果不想要某个角色了，可以单击"素材准备区"中的角色，让它处于选中状态，然后单击角色右上方的"垃圾桶"图标，就可以删除该角色。

图 1-26 "自主选择"添加角色 Penguin 2

步骤 3：调节角色位置。

添加完的角色可能重叠在一起，需要调节它们的位置，可以先将鼠标指针移动到想调节位置的角色上方，然后按住鼠标左键抓取角色，再将角色拖到目标位置后松开，即完成了角色位置的移动。

使用上述方法，将小猫角色和企鹅角色移动到合适位置，如图 1-27 所示。

图 1-27 调节角色位置

步骤 4：编写控制指令。

Scratch 软件采取"面向对象"的编程方式，也就是说，要实现对某个角色或背景的控制，就要在该角色或背景的内容编辑区中编写对应控制指令。接下来分别编写小猫角色和企鹅角色的控制指令。

要编写小猫角色的控制指令，首先单击"素材准备区"中的小猫角色，让它处于选中状态，这样就进入小猫角色的内容编辑区，如图 1-28 所示。

图 1-28　选中角色

Scratch 的内容编辑区由"代码"编辑界面、"造型"编辑界面和"声音"编辑界面组成，如图 1-29 所示，内容编辑区右上角的小猫图标表示当前正在对小猫角色进行编辑，小朋友可以根据此图标判断正在对哪个角色进行内容编辑。通过单击"代码""造型"和"声音"标签，可以实现不同编辑界面之间的切换。

图 1-29　内容编辑区

单击"代码"标签进入"代码"编辑界面后，首先在"外观"模块列表中找到 说 你好! 2 秒 指令积木，然后将鼠标指针移到该指令积木的彩色区域上，等鼠标指针变成"小手"后，按住鼠标左键将它拖到代码编辑区（代码编辑界面的右半区域，也叫作脚本区），再单击该指令积木的彩色区域运行该指令，就可以看到舞台区的小猫角色说出"你好！"的文字，保持 2 秒后文字消失，如图 1-30 所示。此时脚本区右上角有个小猫图像，表示正在进行小猫角色的编程。

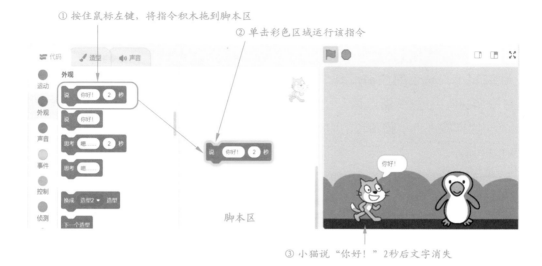

图 1-30　为小猫角色添加并运行指令

　　我们可以用同样的方法让企鹅角色说话。首先，在"素材准备区"中选中企鹅角色，然后从"代码"编辑界面的"外观"模块列表中将 说 你好！ 2 秒 指令积木拖到脚本区，再单击该指令积木上靠左的白色输入框，使得其中内容"你好！"变成深蓝色的选中状态（ 说 你好！ 2 秒 ），然后直接输入新内容——"你好！我从南极来！"，输入完成后单击该指令积木的彩色区域，就可以看到企鹅角色也可以打招呼了，如图 1-31 所示。此时脚本区右上角有个企鹅图像，表示正在进行企鹅角色的编程。

步骤 5：增加触发事件。

　　如果每次运行程序都需要去脚本区单击对应的指令积木，那就太麻烦了，我们可以利用"触发事件"触发程序的运行。

　　细心的小朋友可能已经注意到了，在舞台的左上方有两个按钮："绿旗"按钮 🚩 和"红点"按钮 ⬤。单击"绿旗"按钮 🚩，开始运行程序；单击"红点"按

钮 ，结束运行程序，如图 1-32 所示。

① 输入新内容　　② 单击指令彩色区域运行该指令　　③ 企鹅说话，2秒后文字消失

图 1-31　为企鹅角色添加并运行指令

单击"绿旗"按钮开始程序　单击"红点"按钮结束程序

图 1-32　开始和结束程序按钮

在小猫角色的代码编辑界面，从"事件"模块列表中找到 当 ▶ 被点击 指令积木，

将该指令积木拖到脚本区，并放到刚才已经拖到脚本区的指令积木 说 你好! 2 秒 上方，使两个指令积木的凸起和凹陷部分像搭积木一样拼接在一起。之后再单击 ▶ 按钮时，小猫角色就会自动执行指令 说 你好! 2 秒 了。请同学们用同样的方法，自主给企鹅角色添加触发事件吧！企鹅角色要执行的指令如图 1-33 所示。

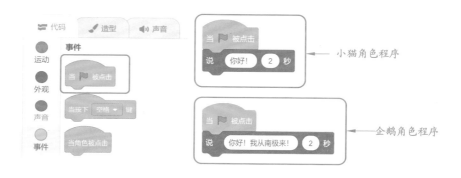

图 1-33　角色指令要求

步骤 6：命名并保存程序。

我们的第一个程序当然要保存起来，留到日后好好欣赏！那么如何保存我们的程序呢？

首先，在计算机桌面右击，在弹出的菜单中选择"新建文件夹"命令，并命名为"我的程序作品"；然后，单击 Scratch 软件界面左上角的"文件"命令，并在弹出的下拉菜单中选择"保存到电脑"命令；接着，在弹出的对话框中选择"我的程序作品"文件夹的位置，并输入程序名称"热情的小猫 1"；最后，单击"保存"按钮，程序保存成功！界面如图 1-34 所示。

在输入程序名称时，请不要随便地输入一串没有意义的字母或文字，否则日后会找不到程序！

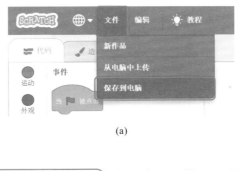

(a)

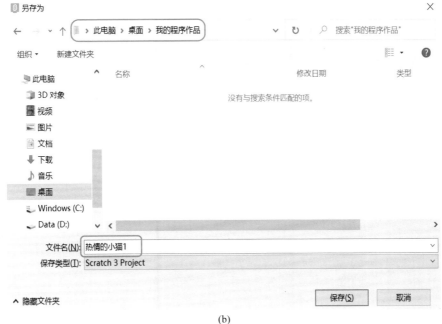

(b)

图 1-34　命名并保存程序界面

　　当想再次打开这个程序时，则需要在"文件"的下拉菜单中选择"从电脑中上传"命令，然后找到文件的位置，双击该文件打开，如图 1-35 所示。

图 1-35　再次打开程序

我们的程序终于大功告成啦！恭喜你，完成了第一个程序！

1.2.4　收获总结

类别	收获
生活态度	（1）通过了解心流理论加深对游戏的认识，提高对沉迷游戏的抵抗能力； （2）通过了解 Scratch 的漫长诞生之路，加深对"持之以恒，方能成功"的理解； （3）通过了解众多互联网大佬开始学习编程的年龄，加深对"机会只留给有准备的人"的理解
知识技能	（1）Scratch 不仅可以用来编写游戏，还可以用来开发实用的小工具，如打字训练器、科学计算器、诗词小动画、背单词助手等； （2）Scratch 设计的宗旨是让儿童更具创造性地表达自己并实现内心的想法，经过皮亚杰、派珀特、雷斯尼克三代人近百年的不懈努力，Scratch 才最终诞生，在 Scratch 诞生之前还有一个专门为儿童研发的编程语言 LOGO，它影响了很多当今的互联网大佬； （3）发明 Scratch 的雷斯尼克也是乐高机器人的发明人，Scratch 的发明深受乐高积木的拼插方式与 LOGO 编程的启发，所以大家用 Scratch 编程就像拼插乐高积木一样方便，而且可以找到很多 LOGO 编程的影子；

续表

类别	收　获
知识技能	（4）Scratch 3.0 的界面可以分为素材准备区、内容编辑区和舞台展示区，在素材准备区，可以选择所需的角色造型和舞台背景；在内容编辑区，可以对角色造型、舞台背景、声音效果进行编辑；在舞台展示区，可以调节舞台的大小并移到角色的位置； （5）初次进行 Scratch 编程的一般过程为：准备计算机、安装软件、添加素材、编辑内容，再次编程只需要最后两步； （6）说 你好！ 2 秒 指令积木在"外观"模块列表中，当▶被点击 指令积木在"事件"模块列表中
思维方法	无

1.2.5　学 习 测 评

一、选择题（单选题）

1. Scratch 是一款（　　）软件。

    A．办公 B．游戏

    C．编程 D．娱乐

2. 是谁发明了 Scratch？（　　）

    A．雷斯尼克 B．派珀特

    C．皮亚杰 D．冯·诺依曼

3. Scratch 在哪所大学诞生？（　　）

    A．麻省理工学院（MIT） B．清华大学

    C．哈佛大学 D．剑桥大学

4. 以下哪种方式不可以实现添加背景的功能？（　　）

    A．从电脑中导入图片 B．从背景库中选取

C．自主绘制背景　　　　　　　　D．通过语音描述的方式生成背景图片

5．以下哪种指令积木可以用来表示角色的心理活动过程？（　）

A．说 你好！ 2 秒　　　　　　　B．思考 嗯…… 2 秒

C．连接 apple 和 banana　　　　D．如果　那么

6．在下面哪个模块列表中可以找到  指令积木？（　）

A．"运动"模块列表　　　　　　B．"外观"模块列表

C．"声音"模块列表　　　　　　D．"事件"模块列表

二、设计题

参照"热情的小猫 1"程序，重新设计两个角色之间的对话场景，对话内容自拟，完成程序后保存为"热情的小猫 2"。

第 2 章　运动和画笔

　　Scratch 之所以广受欢迎，首先要归功于它能轻松地制作精彩的动画，Scratch 中的角色能够动起来，这给创作增加了无限的乐趣。本章学习 Scratch 中的"运动"和"画笔"这两个跟角色移动息息相关的功能。

　　本章包含四个例子，分别是"森林漫步者""聪明小邮差""小鸡保卫战""几何小画家"。四个例子都跟"运动"功能相关，最后一个例子还与"画笔"功能有关。通过这 4 个案例的学习，小朋友将掌握 Scratch 中关于"运动"和"画笔"的基本控制方法，能够编写出丰富多彩的动画效果。

　　想让计算机上的 Scratch 角色也动起来吗？一起开始本章的学习吧！

·本章主要内容·

· 角色的基本运动 ·

· 坐标和定点移动 ·

· 面向和跟随运动 ·

· 画笔和图形绘制 ·

2.1 角色的基本运动
——案例3：森林漫步者

2.1.1 情景导入

　　小朋友，你知道什么是"有氧运动"吗？与之对应的还有"无氧运动"，我们都知道空气里有氧气，无氧运动可不是说在没有氧气的地方做运动，毕竟谁也不能长时间不呼吸。其实，有氧运动指的是肌肉在血液含氧量相对充足情况下的慢速运动，无氧运动指的是肌肉在血液含氧量相对缺乏的情况下的剧烈运动。进行无氧运动时，周围环境的含氧量不一定比有氧运动时少，之所以发生无氧运动是因为肌肉运动太激烈，机体光靠消耗氧气产生的能量已经不够用，因此发生了无氧方式的能量代谢来补充缺少的能量。

　　常见的有氧运动有慢跑、游泳、骑行、跳绳、瑜伽、体操、轻量体力劳动等，其中慢跑是最简单常见的。科学研究表明，坚持每周进行120分钟以上的慢跑有增强体质、加强免疫能力、提高脑力、提高心肺功能、缓解压力、提高睡眠质量等诸多好处。

　　俗话说"饭后百步走，活到九十九"。为了保持健康的身体，小猫每天饭后都会到森林中来回漫步，感受大自然的乐趣。下面就让我们编写一个小猫在森林中漫步的程序吧！

2.1.2 案例介绍

本案例效果如图 2-1 所示。

图 2-1　小猫漫步

1. 功能实现

　　设置一个森林主题的背景，让小猫在舞台上来回漫步，边漫步还边晃起胳膊，一旦碰到舞台边缘就调头。

2. 素材添加

　　角色：小猫 Cat。

　　背景：森林 Forest。

程序效果
视频观看

3. 流程设计

　　本案例流程设计如图 2-2 所示。

图 2-2　流程设计

2.1.3　知识建构

1. 让小猫动起来

　　Scratch 程序中已经默认添加了小猫 Cat 角色，还缺背景，那么如何添加森林 Forest 背景呢？

添加背景的四种方式

　　在"热情的小猫"中已经介绍了 Scratch 中添加背景的四种方式：上传背景、随机选择、自主绘制和自主选择。

　　由于森林 Forest 是背景库中的背景，因此选择"自主选择"的方式，从背景库中找到并选择森林 Forest 背景。

　　进入背景库：将鼠标指针移动到计算机屏幕右下角的"选择背景"按钮上，立刻弹出四个选项，选择"自主选择"选项，进入背景库，如图 2-3 所示。

　　单击选择背景：在背景库中，可以直接在搜索栏里输入名称进行背景搜索，也可以单击"户外"标签进行分类查找，如图 2-4 所示。找到背景后，单击选择即可。

② 选择 "自主选择" 选项,
进入背景库

① 单击 "选择背景" 按钮

图 2-3　进入背景库

方法 2: 单击 "户外" 标签进行分类查找

方法 1: 输入背景名称进行搜索查找

图 2-4　选背景

 *Ask*

接下来,用指令积木让小猫 Cat 角色动起来,如何才能快速地找到合适的指令积木呢?

按功能分类存储的指令积木

指令积木按功能被分配到了不同的模块列表中，如图 2-5 所示，并用不同颜色表示。如果已经知道了某个指令积木的颜色，就可以根据颜色判断它在哪个模块列表中。

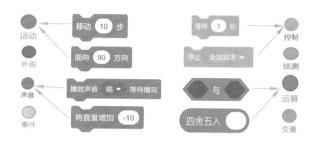

图 2-5　指令积木

要让小猫 Cat 角色动起来，可以到"运动"模块列表中寻找指令积木。

拖动积木：单击"运动"标签进入"运动"模块列表，找到第一个指令积木 移动 10 步，然后将鼠标指针移到该指令积木的彩色区域上，等鼠标指针变成"小手"后，按住鼠标左键将它拖到代码编辑区。

执行积木：将鼠标移到指令积木的彩色区域上，等鼠标指针变成"小手"后单击就能看到小猫向前移动了一小步，若不断地单击，小猫则不断前进，如图 2-6 所示。

第 2 章 运动和画笔

图 2-6 拖动并执行指令积木

怎样让小猫每次前进的距离可以变小或变大呢？也就是如何实现"小碎步前移"和"大步流星前进"的效果呢？

"步"是长度单位

指令积木 移动 10 步 中的"步"是长度单位，也就是"步长"。例如，"教室外的那棵树距离教室门口大约有 20 步远"中提到的"步"就是一个长度单位，它表示的是树到教室门口的距离大小。

指令积木 移动 10 步 中填入的数字越大，每执行一次指令移动的距离就越大。Scratch的舞台横向长 480 步，竖向宽 360 步，在编程时可以根据实际需要调整角色的步长大小。

调整移动的步长，如每次移动 1 步长 移动 1 步 ，就是在小碎步前移；每次移动100 步长 移动 100 步 ，就是大步流星前进。

45

小贴士： 如果想自由移动小猫的位置，可以用鼠标左键按住小猫，然后将其拖到目标位置再放开。当小猫移动到舞台右侧时，可以用此方法再将其拖回舞台左侧。

2. 晃起胳膊大步走

视频观看

正常人走路的时候，手臂和腿会前后交替地摆动，我们希望小猫走起来的时候也能边走边晃动手臂，而不是僵硬地移动，请问该怎么办呢？

动画效果源自造型的连续变化

电影角色的连贯动作是将高速拍摄的系列照片按动作发生的先后顺序快速连续播放产生的。动画片也是利用同样的原理，将多张图画连续地播放，以形成连贯的动作效果，如图 2-7 所示。

图 2-7　动画片——角色动作原理

照片或图画这样的基本素材，在程序里叫作角色的"造型"，一个角色可以拥有多个造型。首先在素材准备区单击选中小猫角色，然后在内容编辑区单击"造型"标签进入"造型"编辑界面，就可以看到小猫角色有两个造型，如图 2-8 所示。要实现让小猫边走边摆动手臂的编程目标，只需要让两个造型重复交替出现。

图 2-8 角色的造型

 *Act*

单击"造型"标签进入"造型"编辑界面,如图 2-9 所示,如果快速地交替单击两个造型,小猫角色看起来就像在走路一样。

图 2-9 造型编辑界面

接下来单击"代码"标签进入"代码"编辑界面，如图 2-10 所示，然后找到"外观"模块列表中的指令积木 ，拖到代码编辑区并拼接到指令积木 **移动 10 步** 的下方，组成一个指令块（拼接在一起的多个指令叫作指令块）。将鼠标移到指令块的彩色区域上，等鼠标指针变成"小手"后，不断地单击，就能看到小猫晃起胳膊走起来啦（为了表述方便，下面都简称为"单击指令块"）！当小猫走到背景最右边可以用鼠标将它拖回来！

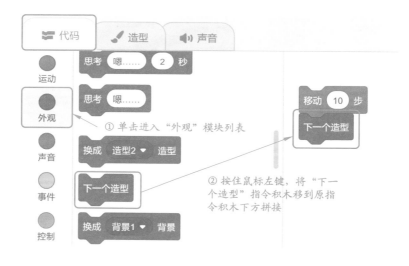

图 2-10　代码编辑界面

3. 自动重复行走

视频观看

每单击一下指令块小猫只走一步，如果要让小猫走多步就会很麻烦，如何实现单击一下指令块让小猫连续走多步呢？如连续走 3 步。

说明：下面 Analyze 部分的程序示例图仅用于演示"复制"过程，并非本案例程序，观看即可，本案例的程序操作在 Act 部分。

复制指令块

复制过程：①把鼠标移动到想复制的指令块的第一行处；②右击，选择"复制"命令，出现跟随鼠标指针移动的新指令块；③将鼠标指针移动到想放置该指令块的位置，单击实现放置，如图 2-11 所示。

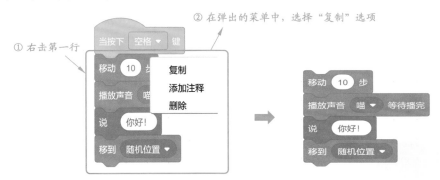

图 2-11　复制指令块

如果要复制的是指令块中间的几行指令，可以先复制出包含末尾几行指令的指令块，再把末尾几行多余的指令删除。

删除指令块

如图 2-12 所示，删除过程为：①把鼠标移动到想删除的指令块的第一行；②当鼠标指针变成"小手"时，单击并按住鼠标左键，将指令块拖到左

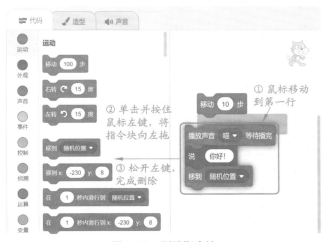

图 2-12　删除指令块

侧的模块列表中；③松开鼠标左键，即完成了对指令块的删除操作。

如图 2-13 所示，如果要删除的是指令块中间的几行指令，删除过程为：①先将包含末尾几行指令的指令块拆开到旁边；②将末尾几行不删除的指令继续拆开，这样就把要删除的指令块独立了出来；③将要删除的指令块拖到左侧的模块列表中删除；④将末尾几行不删除的指令接回原指令块。

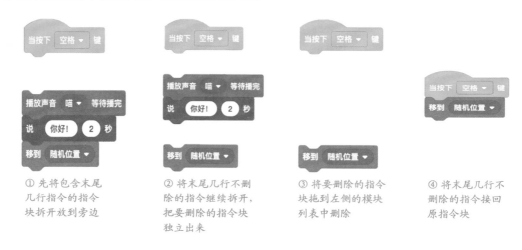

① 先将包含末尾几行指令的指令块拆开放到旁边

② 将末尾几行不删除的指令继续拆开，把要删除的指令块独立出来

③ 将要删除的指令块拖到左侧的模块列表中删除

④ 将末尾几行不删除的指令接回原指令块

图 2-13　删除部分指令

可以复制几次"走一步"的指令块并将它们拼接在一起，以实现单击一下走多步的功能，如图 2-14 所示。在走动步伐较少时，这种方式简单有效。

虽然刚才的程序在理论上是走了三步，但是当单击指令块后，小猫只前进了一步且只变化了一次造型，并没有出现走三步的效果，这是为什么呢？如何真正实现小猫走三步的效果呢？

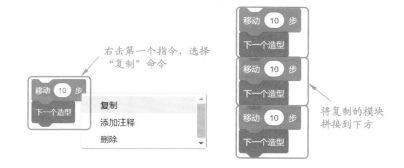

右击第一个指令，选择"复制"命令

将复制的模块拼接到下方

图 2-14　单击一下走多步功能的实现

程序运行的速度像射出的子弹一样快

原来，程序指令从上往下依次运行，瞬间就可以执行完，根本看不出过程的变化，因此也无法看到小猫前面两次的造型变化，只能看到小猫完成所有动作后的最终效果。就像我们刚听到枪声，就看见对面靶子上出现了弹孔，却根本看不见子弹的飞行轨迹一样，射击打靶如图 2-15 所示。

图 2-15　射击打靶

为了显示出小猫每次前进一步的运动效果，需要让小猫每向前移动一步之后空等一段时间，也就是在程序中的指令积木 **下一个造型** 之后都插入延时指令 **等待 1 秒** 。这样，程序执行完"下一个造型"的指令之后，就会停顿一秒，我们就能看到小猫每前进一步的运动效果了。

指令块中间插入新指令

将新指令拖到要插入的位置后，前后的指令会自动分开，并形成一个积木形状的阴影，然后松开鼠标左键，新积木就会自动添加到指令块中，如图 2-16 所示。

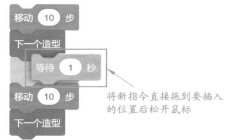

将新指令直接拖到要插入的位置后松开鼠标

图 2-16　插入新指令

从"控制"模块列表中找到指令积木 **等待 1 秒** ，插入每个指令积木 **下一个造型** 后面，如图 2-17 所示，这样单击指令块中任意积木后，就能看到小猫边走边晃动胳膊地走了三步。

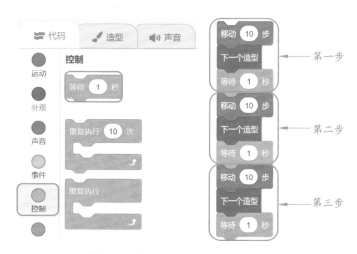

图 2-17　插入指令积木"等待 1 秒"

 *Ask*

　　如果要让小猫连续地走 30 步、100 步或无限步，难道我们要复制一串超级长的指令积木吗？有没有更简单的方式呢？

 *Analyze*

巧用重复指令积木，轻松实现循环控制

　　通过"复制更多指令积木"的方法实现让小猫走 30 步、100 步或无限步实在是太麻烦了，能不能找到一个更简单的方式实现这个功能呢？先来看看生活中的一个跑步的例子，如图 2-18 所示，在同学们跑步时体育老师希望同学们绕操场跑 10 圈，并不是等同学们每跑完一圈后才命令再跑一圈，而是在开跑前就直接说："同学们，我们今天跑 10 圈"，也就是告诉同学们"重复 10 次跑一圈"。

图 2-18　跑步

　　"重复 X 次跑一圈"中的"跑一圈"是个基础动作组合，包括迈腿、摆臂、转向等基本动作，而其中的 X 是控制重复多少次的参数，可根据实际需要填入数值，如"重复 30 次跑一圈""重复 100 次跑一圈"。

　　在 Scratch 中，可将用于完成某任务的相关指令积木组合成基础指令块，然后再添加进"重复执行 X 次"指令积木 [重复执行 10 次] 中，修改其中的参数就可以控制重复次数。

53

在"控制"模块列表中有两个和重复执行相关的指令积木，一个是写了重复几次的有限循环，另一个是没写次数的无限次循环，如图2-19所示。

方式1：重复执行有限次数，是把"重复执行 X 次"指令积木 **重复执行 10 次** 拖动到脚本区，把积木里的 10 修改为 30，再把"移动 1 步"的指令块拖到该指令积木中组成新指令块，单击一下新指令块，可以看到小猫向前行进了30步。

方式2：重复执行无限次数，是选用不带次数的"重复执行"指令积木 **重复执行** ，该指令积木可以实现小猫持续前进。

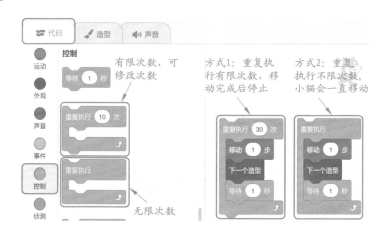

图 2-19　重复执行指令积木

如果希望加快小猫的行走速度，以减少程序中的等待时间，如只等待 0.2 秒，这样就能看到小猫更欢快地摆臂前进了。

小贴士：当指令块正在运行的时候，周边会显示出黄色亮边，如果想让指令块停止运行，可以再次单击指令块，黄色亮边消失，指令块即停止运行。

4. 碰到边缘就反弹

小猫已经能够重复不断地行走，但是走到舞台边缘后就走不动了，留下一个尾巴在舞台边缘摇摆，如图 2-20 所示，哪个指令可实现"让小猫在舞台上来回行走"呢？

图 2-20　小猫走到舞台边缘

反弹的效果

台球碰到桌子边缘会立即反弹，在桌子上实现来回运动，如图 2-21 所示。小猫的动作可以借鉴台球反弹的方式，碰到舞台边缘就反弹。因为"反弹"也是一种运动形式，所以可到"运动"模块列表中寻找控制反弹的指令积木。

图 2-21　台球反弹

找到指令积木 碰到边缘就反弹 ，插到前面的"持续前进"指令块中组成新指令块，如图 2-22 所示，单击新指令块，小猫就可以在舞台上来回行走了。

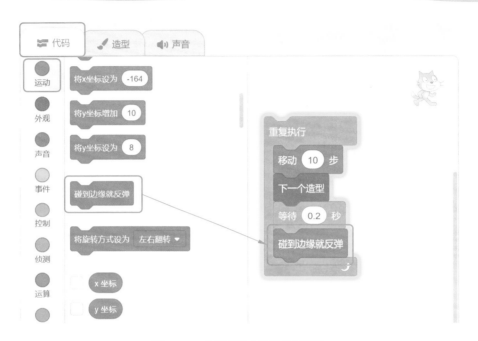

图 2-22　实现"碰到边缘就反弹"

 *Ask*

小猫居然练成了可以飞檐走壁的神功，碰到舞台边缘触发反弹后变成了倒着走，如图 2-23 所示。还是让小猫保持头朝上吧，这样看着比较自然，如何才能让小猫在行走过程中始终保持头朝上呢？

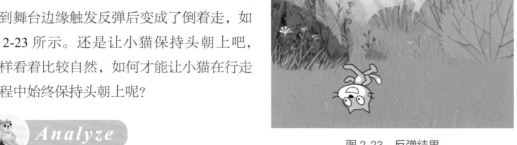

图 2-23　反弹结果

 *Analyze*

Scratch中的旋转

所谓的旋转是指物体围绕一个点或一条直线转圈，如地球绕着太阳旋转，拉磨的

 56

驴绕着磨盘旋转，洗衣机里的衣服绕着滚筒旋转。

而 Scratch 中的旋转指的是角色在保持造型中心位置不变的情况下改变自身的朝向，有"任意旋转""不可旋转"和"左右翻转"三种方式，如图 2-24 所示。任意旋转就是以任意角度改变朝向，不可旋转就是保持朝向不变，左右翻转就是镜像对称翻转。使用"运动"模块列表中的指令积木

| 任意旋转 | 不可旋转 | 左右翻转 |

图 2-24　三种旋转方式

将旋转方式设为 左右翻转 ▼ 可选择旋转方式。

对于来回行走的小猫，自然希望它能实现左右翻转。从"运动"模块列表中找到指令积木 将旋转方式设为 左右翻转 ▼ ，拖动到前述指令块上方组成新指令块，在程序一开始就设定小猫的旋转方式为"左右翻转"，这样小猫就能一直保持头朝上的姿势了，如图 2-25 所示。

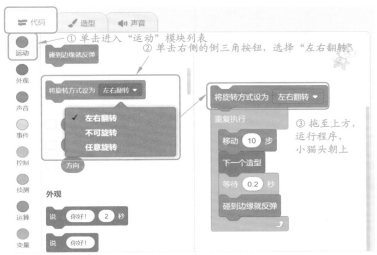

图 2-25　实现"左右翻转"

5. 增加触发事件

视频观看

由于总是需要等单击指令块后小猫才能走动起来，如何实现当单击"绿旗"按钮启动程序时，小猫就自动开始行走呢？

触发事件：引发连锁反应的事情

我们将"引起连锁反应的事情"称为"触发事件"，简称"事件"。当扣动扳机时，子弹就会射出，"扣动扳机"是"射出子弹"的触发事件；当上课铃响时，同学们就会走进教室，"上课铃响"是"同学们进教室"的触发事件。

想让小猫在单击"绿旗"按钮后自动走动起来，需要在指令块的最前方增加触发事件指令积 当 ▶ 被点击 ，它是程序里第一个被执行的指令积木，所以形状也和其他指令不同，上方是不连接任何指令的弧形，下方是连接其他指令的凸齿。

在"事件"模块列表里找到指令积木 当 ▶ 被点击 拖动到前面的指令块上方组成新指令块，再单击"绿旗"按钮，将自动执行指令积木 当 ▶ 被点击 后面的程序，如图 2-26 所示。

6. 创意扩展

请自由尝试让小猫散步过程更有趣一些，例如：

（1）让小猫不仅可以横向行走，还可以朝不同方向行走。

（2）邀请一个其他的动物小伙伴一起来散步。

同学们还有什么奇思妙想？大胆尝试，打造你的专属神奇小猫吧！完成程序后保存为"森林漫步者 1"。

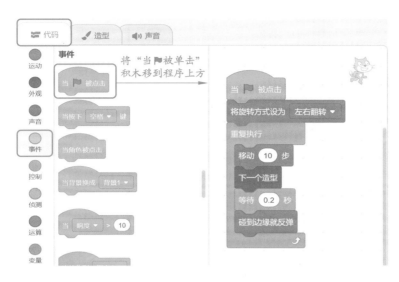

图 2-26　自动执行指令

2.1.4　收获总结

类别	收　　获
生活态度	通过了解有氧运动的好处，增加锻炼身体的意识
知识技能	（1）指令积木 移动 10 步 中的"步"是长度单位； （2）动画效果源自造型的连续变化； （3）程序指令从上往下运行，运行速度像子弹一样快到看不见，增加延时函数才可以显示出角色造型的变化； （4）巧用重复指令积木，可以轻松实现循环控制； （5）在"运动"模块列表中可以找到"碰到边缘就反弹"的指令积木； （6）Scratch 中的角色有"任意旋转""不可旋转""左右翻转"三种旋转方式； （7）触发事件是指能引起连锁反应的事情，在"事件"模块列表里有触发事件相关的指令积木

续表

类别	收　获
思维方法	（1）了解指令积木是按功能类别设计成不同颜色并分类存放在不同模块列表，培养分类思维； （2）理解动画的本质是图片连续变化的视觉效果，培养透过现象看本质的透视思维

2.1.5 学习测评

 **Assess**

一、选择题（单选题）

1. 要让小猫角色"动"起来，需要到哪个模块列表寻找指令积木？（　　　）

    A．外观　　　　　B．声音　　　　C．运动　　　　D．控制

2. 指令积木 移动 100 步 的含义是什么？（　　　）

    A．移动 100 步　　　　　　　B．移动 1 步，步伐的大小（步长）是 100

3. 在哪个模块列表可以找到"重复执行"指令积木？（　　　）

    A．外观　　　　　B．声音　　　　C．运动　　　　D．控制

4. 在哪个模块列表可以找到"碰到边缘就反弹"指令积木？（　　　）

    A．外观　　　　　B．声音　　　　C．运动　　　　D．控制

5. 下面哪个是 Scratch 中角色不具备的旋转方式？（　　　）

    A．任意旋转　　B．左右翻转　　C．上下翻转　　D．不可翻转

6. 在哪个模块列表中可以找到"当绿旗被单击"指令积木？（　　　）

    A．外观　　　　　B．声音　　　　C．事件　　　　D．控制

二、设计题

参照我们刚才做过的"森林漫步者 1"程序，设计一个 Butterfly 2 角色在 Blue Sky 背景中来回飞行的程序，同样做到碰到边缘就反弹，防止头朝下，在飞行过程不断切换造型，完成程序后保存为"欢快的蝴蝶 1"，如图 2-27 所示。

图 2-27　欢快的蝴蝶 1

2.2　坐标和定点移动
——案例4：聪明小邮差

2.2.1　情景导入

　　有些动物经过驯化成了我们日常生活中的好帮手，如猫、狗、牛、马、骆驼、信鸽等。在这些被驯化的动物中，有一种动物曾经创造了许多奇迹，但是如今却被很多人遗忘了，那就是信鸽。

　　信鸽是经过驯化用于通信的鸽子，它可以从数千里的地方找到回家的路，在古代乃至近代都是重要的通信工具。公元前776—公元394年，在古代奥林匹克运动会上，人们利用鸽子作为通信工具向四面八方传递比赛成绩等信息。英国人在第二次世界大战期间就训养了大约25万只信鸽用于通信，有只叫作"乔伊"的鸽子因为及时送达一条重要情报，挽救了1000多人的生命，它也因此荣获英国武装部队最高荣誉——"迪金勋章"！

　　为什么鸽子认路本领这么强呢？科学家们已经花了很长时间研究这个问题，目前比较公认的解释是鸽子喙部带有微小的磁铁粒子，鸽子通过它们可以和地球磁场产生感应，由此来确定自己的绝对位置和相对位置。

　　可惜现在几乎看不到信鸽送信的场景了，让我们用Scratch编写一个"信鸽送信"的程序来纪念人类的好帮手吧！

2.2.2　案例介绍

本案例效果如图2-28所示。

图 2-28　信鸽送信

1. 功能实现

单击空格键，信鸽到快递中心取信；单击 1、2、3 键，信鸽分别给三个人物角色送信；单击 0 键，信鸽回到其初始位置；按住 "↑""↓""←""→" 键可以分别控制信鸽向上、向下、向左、向右四个方向移动。

2. 素材添加

角色：鸽子 Dove、快递中心 Home Button、人物 Casey、人物 Jordyn、人物 Devin。

背景：Colorful City。

3. 流程设计

本案例流程设计如图 2-29 所示。

程序效果
视频观看

图 2-29　流程设计

2.2.3 知识建构

1. 添加并布置角色

 *Ask*

视频观看

我们可以采用"自主选择"的方式从背景库中找到并选择 Colorful City 背景,那么如何添加鸽子 Dove、快递中心 Home Button、人物 Casey、人物 Jordyn、人物 Devin 角色呢?

 *Analyze*

添加角色的四种方法

Scratch 中有四种添加角色的方法,如图 2-30 所示。

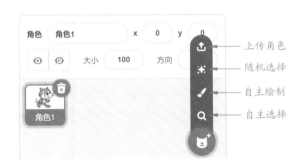

图 2-30　添加角色的方式

如果角色库中没有我们想要的角色,可以自主绘制角色或者上传新的角色。

 *Act*

删除原有的角色小猫,然后进入角色库:将鼠标指针移动到"角色区"的"选择角色"按钮上,立刻弹出四个选项,选择"自主选择" 选项,进入角色库。

单击选择角色:在角色库中,可以直接在搜索栏里输入名称进行角色搜索,例如,输入 dove 寻找鸽子，也可以单击"动物"标签进行分类查找，如图 2-31 所示。找到角色后，单击即可。

图 2-31　选择角色

依次添加鸽子 Dove、快递中心 Home Button、人物 Casey、人物 Jordyn、人物 Devin 这 6 个角色后，发现角色是堆叠在一起的，如图 2-32(a) 所示，如何让角色移到如图 2-32(b) 所示的合适位置呢？

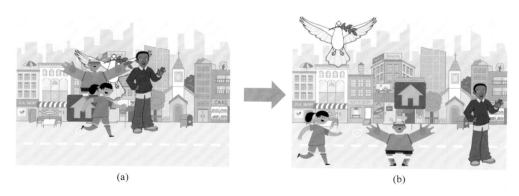

(a)　　　　　　　　　　　　　　(b)

图 2-32　角色位置调整

移动角色位置的方法

用鼠标左键按住角色不放，再移动鼠标就可以拖动角色。将角色移到合适的位置后松开鼠标左键，就实现了角色位置的移动。

将鸽子 Dove 移到舞台左上角，将人物 Jordyn 移到舞台左下角，将人物 Casey 移到舞台下方中央，将人物 Devin 移到舞台右下角，将快递中心 Home Button 移到屏幕中央合适位置。

如图 2-33 所示，如果对角色的默认大小不满意，如何调节它们的大小呢？

图 2-33　改变角色大小

改变角色大小

首先选中想要改变的角色（可以双击舞台上的角色，或者在"素材准备区"单击角色），然后有下面两种方法可以改变角色大小。

方法 1：指令积木控制法。单击"外观"标签，切换到"外观"模块列表，找到指令积木 将大小设为 100 ，修改其中的参数，然后单击指令积木彩色部分执行，如图 2-34 所示。

方法 2：角色属性编辑法。在"角色属性区"修改"大小"属性中的参数，然后单击屏幕任意空白处执行，如图 2-35 所示。

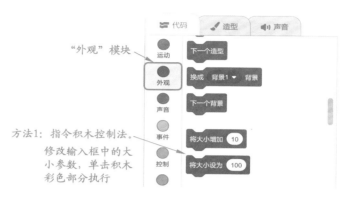

图 2-34　指令积木控制法

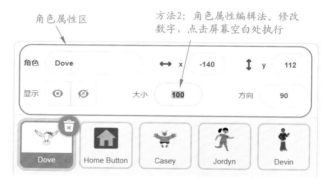

图 2-35　角色属性编辑法

任选一种方法来调节角色的大小，建议把鸽子 Dove、人物 Casey、人物 Jordyn、人物 Devin 都调小一些，让舞台不那么拥挤，以方便观察鸽子的运动。

图 2-36　背景设置

在前面几个角色堆叠在一起的时候，我们发现他们有的比较靠前，有的比较靠后，而且越早添加的角色越靠后，如图 2-36 所示，如何让鸽子角色 Dove 显示在人物角色 Casey 的前面呢？

图层的概念及图层的切换

图层的概念： 在舞台区，每个角色的造型都是一张图片，在前面的图片会遮住后面的图片，它们之间是层层堆叠的，所以叫作图层。

图层的切换： 在"外观"模块列表有两个跟图层切换有关的指令积木，如图 2-37 所示。对应有两种方法：①指令积木 移到最 前面▼ 可以将角色移动到最前面（也可切换到最后面）；②指令积木 前移▼ 1 层 可以将角色往前移动 1 层（也可切换到后移 1 层）。指令积木上的"倒三角形"按钮代表该积木为多选项，可以单击该按钮，实现"前面 / 后面"和"前移 / 后移"的切换操作。

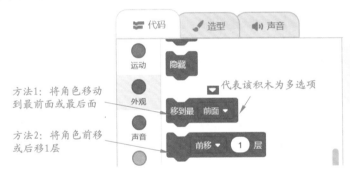

图 2-37　图层切换

选中鸽子角色 Dove，再单击"外观"模块列表中的指令积木 移到最 前面▼ ，即可将鸽子角色 Dove 显示在人物角色 Casey 的前面。（也可以选中人物角色 Casey，再将"外观"模块列表中的指令积木 移到最 前面▼ 切换为 移到最 后面▼ ，然后单击该积木）

2. 到快递中心取信

视频观看

　　信鸽之所以能够给数千里外的目标角色送信，关键在于它非凡的认路本领。为了准确地到达目标角色所在处，需要信鸽准确地记住目标角色的位置。那么，如何表示角色的位置呢？

位置的表示方法——坐标系

　　下面是生活中涉及精确位置描述的场景。思考一下，应该如何描述呢？

　　（1）如图 2-38 所示，当你在排队的时候，如何告诉别人你的位置呢？

　　——"我排在第 8 个。"

　　（2）如图 2-39 所示，开学第一天，老师想叫某同学发言，却又不知道该同学的名字，如何指出这位同学呢？

　　——"请第 2 排第 4 列的同学回答这个问题。"

图 2-38　排列的队伍

图 2-39　教室座位

　　（3）飞机在地球的上空飞行，如图 2-40 所示，云海茫茫，飞机的位置是怎样标记的？

　　——"飞机的位置是北纬 40 度，东经 116 度，高度 3000 米。"

排列的队伍只有从前到后一个顺序，形成一条线段，需要 1 个数字来定位。

教室的桌子有横向和纵向两个顺序，形成一个平面，需要 2 个数字来定位。

图 2-40 飞机飞行

飞机有经度、纬度和高度三个参数，形成一个立体，需要 3 个数字来定位。

像以上这样用于表示位置的数字就是坐标。在线上，只需要 1 个数字来定位，称为一维坐标系；在面上，需要 2 个数字来定位，称为二维坐标系（也叫平面坐标系）；在体中，需要 3 个数字来定位，称为三维坐标系（也叫空间坐标系）。

Scratch舞台上位置的表示方法——平面坐标系

Scratch 的舞台是一个平面，可以用平面坐标系表示。从背景库中可以找到平面坐标系图片"xy-grid"，如图 2-41 所示。

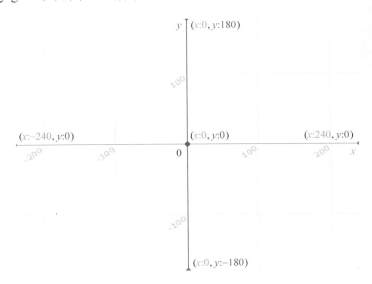

图 2-41 平面坐标系

我们将横向称为 x 方向，纵向称为 y 方向，并将每个点的坐标记为 (x,y)，其中 x 是横向坐标，y 是纵向坐标，中心点的位置表示为 $(0,0)$。

在 x 方向上，向右移动，x 坐标增加；向左移动，x 坐标减少。

在 y 方向上，向上移动，y 坐标增加；向下移动，y 坐标减少。

例如，从舞台中心 $(0,0)$ 出发，向右移动 240 步，得到的位置坐标就是 $(240,0)$；从舞台中心 $(0,0)$ 向下移动 180 步，得到的位置坐标就是 $(0,-180)$；从舞台中心 $(0,0)$ 向左移动 50 步，再向上移动 100 步，得到的位置坐标就是 $(-50,100)$。

获取角色位置坐标的方法

先在角色列表中选中某个角色，就可以在"运动"模块列表中的指令积木 `移到 x: ( ) y: ( )`、`在 1 秒内滑行到 x: ( ) y: ( )` 和"角色属性区"中查到该角色的位置坐标，如图 2-42 所示。

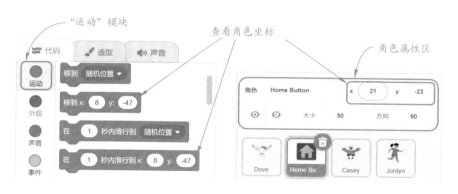

图 2-42　查看角色坐标

可以使用坐标表示角色的精确位置，利用前面介绍的查看角色位置坐标的方法，本书中所选快递中心 Home Button 的精确位置是 $(0,0)$，鸽子 Dove 的初始位置是 $(-140,100)$，同学们也可以查看自己作品里的角色位置。

现在已经知道了快递中心的精确位置，如何让鸽子 Dove 在按下空格键后飞到快递中心 Home Button 取件呢？

移动到指定位置的方法——坐标法

让角色移动到指定位置可以采用坐标法，具体又分为坐标闪现法和坐标滑行法，这两种方法的区别是角色的运动轨迹是否显示，如图 2-43 所示。

图 2-43　两种不同坐标法

坐标闪现法：让角色原地消失，同时在指定坐标位置出现，看不到角色的运动轨迹。

坐标滑行法：让角色在设定时间滑行到指定位置，看得到角色的运动轨迹。

这里采用坐标滑行法，让鸽子 Dove 在按下空格键后，逐渐飞到快递中心。在指令积木 `在 1 秒内滑行到x: 0 y: 0` 中填入前面已经查到的快递中心坐标（15，-80）（请同学们填入自己在上一步中查询到的坐标，后续步骤也是如此，将不再提示）。如果同学们修改指令中的时间参数，还可以调节角色的飞行速度，如图 2-44 所示。

从"事件"模块列表中找到 `当按下 空格 键` 指令积木，将该指令积木拖动到脚本区，并放到刚才已经拖动脚本区的 `在 1 秒内滑行到x: 15 y: -80` 指令积木上方，使两个指令积

71

木的凸起和凹陷部分像积木一样拼接在一起。

图 2-44　利用坐标滑行法移动角色

3.　送信到指定位置

视频观看

如何实现按"1"键，鸽子 Dove 给人物 Casey 送信；按"2"键，鸽子 Dove 给人物 Jordyn 送信；按"3"键，鸽子 Dove 给人物 Devin 送信呢？

移动到指定位置的方法——角色法

让角色移动到指定位置，除了可以采用前面提到的坐标法，还可以采用角色法，具体又分为角色闪现法、角色滑行法和角色逼近法。

角色闪现法：让角色原地消失，同时在指定角色位置出现，看不到角色的运动轨迹，如图 2-45 所示。

角色滑行法：角色在设定的时间内滑行到指定角色位置，看得到角色的运动轨迹，如图 2-46 所示。

图 2-45　**角色闪现法**

角色逼近法：角色在设定速度下不断逼近指定角色位置，看得到角色的运动轨迹，如图 2-47 所示。

图 2-46　角色滑行法　　　　　　　　　图 2-47　角色逼近法

坐标法和角色法的联系与区别

我们先举个例子，假设小明家在"北京市海淀区幸福街道快乐小区 1 号楼 108 室"，如果我们说"去小明家"，就是采用了"角色法"，通过"小明"这个角色名称间接获取了他家的地址；如果我们说"去北京市海淀区幸福街道快乐小区 1 号楼 108 室"就是采用了"坐标法"，直接给出了他家的地址。

通过上述例子，发现"坐标法"和"角色法"都可以让角色到达目标位置，也都是利用了"坐标"实现定位，它们的区别是给出坐标的手段是"直接"还是"间接"。如果要让角色 A 移动到角色 B 的位置，在角色 B 的坐标未知或角色 B 的坐标在不断变化时，可以采用"角色法"。

本问题尝试采用"角色法"中的"角色滑行法"，程序如图 2-48 所示，当按下"1""2""3"键，鸽子 Dove 分别滑行到三个角色的位置送信。其中的触发事件利用指令积木 当按下 空格▼ 键 实现，通过单击指令积木上的"倒三角形"按钮可以设置为不同触发按键。

图 2-48　角色滑行法程序

73

4. 鸽子回到大本营

初始位置是鸽子大本营，如何能够让鸽子飞回大本营呢?

视频观看

回到角色的初始位置只能用坐标法

让角色移动到指定位置有"坐标法"和"角色法"两种方法，要让鸽子移动到起始位置，只能采用"坐标法"，因为当鸽子离开初始位置后，其初始位置就没有角色了，无法再采用"角色法"。

本问题采用坐标滑行法，在指令积木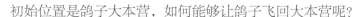中填入鸽子初始位置坐标 (–160,110)，让鸽子 Dove 在按下"0"键后，滑行回初始位置，程序如图 2-49 所示。

图 2-49　坐标滑行法程序

5. 用按键控制运动

视频观看

如何用按键控制鸽子 Dove 的运动，让鸽子 Dove 能够在人为操控下完成"取信"和"送信"呢?

控制角色逐步移动的方法

"运动"模块列表中的指令积木 将x坐标增加 10 和 将y坐标增加 10 可以用来控制角色逐步移动，修改指令积木里的参数可以控制移动步长。

程序如图 2-50 所示，按住 "↑" "↓" "←" "→" 键，分别控制角色向上、向下、向左、向右四个方向移动。

6. 创意扩展

请自由尝试让鸽子 Dove 的送信过程更有趣一些，例如：①让鸽子 Dove 边飞边拍动翅膀；②当角色收到信的时候，切换造型以表示欢乐。完成程序后保存为"聪明小邮差 1"。

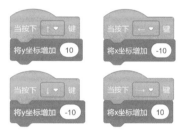

图 2-50 **按键控制程序**

2.2.4 收 获 总 结

类别	收　获
生活态度	通过了解信鸽神奇的认路本领，激发了对大自然的好奇心
知识技能	（1）添加角色有四种方法：上传角色、随机选择、自主绘制、自主选择； （2）角色的位置的移动可以通过用鼠标左键按住角色拖动来实现； （3）改变角色大小有两种方法：指令积木控制法、角色属性编辑法； （4）在舞台区，每个角色都是一张图片，在前面的图片会遮住后面的图片，它们之间是层层堆叠的，所以叫作图层，在"外观"模块列表有跟图层切换相关的指令积木；

续表

类别	收　　获
	（5）坐标是用于表示位置的数字，在 Scratch 的舞台上，需要 2 个数字来定位，称为二维坐标系（也叫平面坐标系）； （6）在角色列表中选中某个角色，可以在"运动"模块列表中的指令积木 `移到 x:（　）y:（　）`、`在（1）秒内滑行到x:（　）y:（　）` 和"角色属性区"中查到该角色的位置坐标； （7）角色移动到指定位置有两种方法：坐标法、角色法，其中坐标法又分为坐标闪现法和坐标滑行法；
知识技能	（8）用"运动"模块列表中的指令积木 `将x坐标增加（10）` 和 `将y坐标增加（10）` 可以控制角色逐步移动
思维方法	通过了解"移动到指定位置"的不同实现方式，培养多元思维

2.2.5　学习测评

 *Assess*

一、选择题（不定项选择题）

1. Scratch 中添加角色的方法有哪些？（　　）

　　A．上传角色　　　B．随机选择　　C．自主绘制　　　D．自主选择

2. 当采用"自主选择"方法从角色库添加角色的时候，下面哪些方法可以实现快速找到想要的角色？（　　）

　　A．在搜索栏中输入名称进行搜索　　B．从计算机中自主上传角色

　　C．单击标签进行分类查找　　　　　D．没有任何方法可以实现

3. Scratch 中如何改变角色的大小？（　　）

　　A．在"外观"模块列表中找到"大小设置"指令积木，修改指令参数并单击

　　B．单击选中角色，然后拖动角色边框以改变其大小

　　C．在"角色属性区"中的直接修改"大小属性"里的参数

D. 到角色库中选择其他大小的角色

4. 空间坐标系需要用几个数字来表示？（　　　）

　　A. 1　　　　　　　B. 2　　　　　　　C. 3　　　　　　　D. 4

5. Scratch 的舞台是用哪种坐标系表示的？（　　　）

　　A. 一维坐标系　B. 平面坐标系　C. 空间坐标系　D. 极坐标系

6. 让角色移动到指定位置的方法有哪些？（　　　）

　　A. 指定法　　　　B. 坐标法　　　　C. 角色法　　　　D. GPS 导航

7. 用"角色法"移动到指定位置的具体方式有哪些？（　　　）

　　A. 瞬间移动到指定角色位置

　　B. 在设定的时间内跳跃到指定角色位置

　　C. 在设定的时间内滑行到指定角色位置

　　D. 在设定速度下不断逼近指定角色位置

8. 下面哪个程序的含义是"在设定速度下不断逼近指定角色位置"？（　　　）

二、设计题

参照"聪明小邮差 1"程序，设计一个用于训练打字速度的程序，当我们在键盘上按下 A/B/C/D/E/F/G 中的某个按键后，舞台区的 ✔ 角色自动移到对应字母角色上，完成程序后保存为"打字训练器 1"。

在如图 2-51 所示的示例截图里，已经在 ✔ 角色的脚本区里编写出了按下"A"键后移动到字母 A 角色位置的指令，可以利用"复制并修改"的方式完成其他字母按键的操作指令。

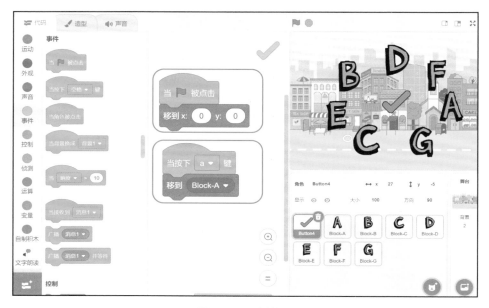

图 2-51　示例截图

提示 1：在如图 2-52 所示背景库里的搜索栏中输入"city"，即可快速定位到目标背景 Colorful City，同学们也可以自主选择其他自己喜欢的背景。

提示 2：在如图 2-53 所示角色库里单击"字母"标签，可以快速找到所需字母角色。

图 2-52　背景库界面

图 2-53　角色库

2.3　面向和跟随运动
——案例5：小鸡保卫战

2.3.1　情景导入

　　每年 5 月的第 2 个周日是母亲节，很多小朋友会给母亲献上康乃馨以表达对母亲的感激。母爱是无私和伟大的，呵护着小朋友健康成长。自然界中也有很多伟大的"母亲"，动物宝宝们在"母爱"的保护下得以在恶劣的自然环境中存活下来。

　　牛妈妈竭尽全力保护自己的幼崽免受来自大型食肉动物的伤害；考拉妈妈会在小考拉刚学爬树时，一直在旁边保护着小考拉，防止小考拉从树上掉下来；章鱼妈妈产卵后会为孩子们站岗，以防止刚产的卵被食肉动物吃掉，哪怕最终饥饿难耐不得不吃掉自己的手臂以获得营养。

　　母爱不仅需要奉献精神，还需要有与敌人斗智斗勇的智慧，小朋友经常玩的老鹰捉小鸡游戏就是很好的例子。母鸡需要根据老鹰和小鸡相互之间的位置关系，灵活地改变自身的运动，还要在合适的时机张开翅膀用身体挡住老鹰，甚至跟老鹰展开激烈的搏斗，稍有不慎老鹰就可能把小鸡抓走。

　　让我们用 Scratch 设计一个老鹰捉小鸡的程序吧！看母鸡是否能够机智地保护住小鸡使其免遭老鹰的袭击。

2.3.2　案例介绍

本案例效果如图 2-54 所示。

图 2-54　老鹰捉小鸡程序

1. 功能实现

让小鸡跟随鼠标移动，而老鹰一直追赶着小鸡，母鸡则一直拼命地跑到小鸡和老鹰之间，保护小鸡使其不被老鹰捉住。当老鹰撞上母鸡时停止移动 1 秒，当老鹰躲开母鸡的封锁并成功抓到小鸡时，程序结束。

2. 素材添加

角色：小鸡 Chick、母鸡 Hen、鹰头兽 Griffin（代替老鹰）。

背景：蓝天 Blue Sky。

程序效果
视频观看

3. 流程设计

本案例流程设计如图 2-55 所示。

图 2-55　流程设计

2.3.3 知识建构

1. 更改角色的名称属性

视频观看

添加完角色后，在角色列表中可以查到角色名称，如图 2-56 所示。小鸡显示的是 Chick、母鸡显示的是 Hen、鹰头兽显示的是 Griffin。如何将它们修改成中文名称呢？

修改角色名称的方法

角色名称是角色的属性之一，修改角色名称的方法是在角色列表中单击选中角色，然后在"角色属性区"中填入新的名称，如图 2-57 所示。

图 2-56　角色名称

图 2-57　角色名称修改

按照上述方法，将 Chick、Hen、Griffin 三个角色的名称属性分别改成中文"小鸡""母鸡""老鹰"，如图 2-58 所示。

图 2-58　修改成中文的角色名称

2.　让小鸡跟随鼠标移动

如何通过编程实现小鸡一直跟随鼠标指针移动的效果呢？

视频观看

Analyze

跟随鼠标指针移动的方法

让角色跟随鼠标指针移动有三种方法：直达法、滑行法和步进法，这三种方法都是采用"运动"模块列表中的运动指令积木和"重复执行"指令积木  组合而成的指令块，如图 2-59 所示。

直达法： 瞬间移动到指定角色位置。实现该方法需要用到"运动"模块列表中的指令积木 移到 鼠标指针▼ 。

滑行法： 在设定的时间内滑行到指定角色位置。实现该方法需要用到"运动"模块列表中的指令积木 在 1 秒内滑行到 鼠标指针▼ 。

步进法： 在设定速度下不断逼近指定角色位置。实现该方法需要用到"运动"模块列表中的指令积木 面向 鼠标指针▼ 和 移动 步。

直达法

滑行法

步进法

图 2-59　角色跟随鼠标指针移动的三种方法

直达法、滑行法和步进法的比较

虽然三种方法都能实现跟随鼠标指针移动，但是在运动方式上存在较大区别，同学们可以自己编写程序来体会。

（1）移动速度：采用直达法的移动速度最快，无论鼠标移动多快，角色都能和鼠标指针保持重合；采用滑行法和步进法的速度较慢，并可以通过修改指令积木中的参数调节速度，当鼠标指针移动特别快时，角色将会落后于鼠标指针，并不断逼近鼠标指针。

（2）移动朝向：采用直达法和滑行法的角色始终朝向不变的方向，采用步进法的角色始终朝向鼠标指针的方向。

本例采用步进法，当按下空格键，小鸡开始跟随鼠标移动。

改变"移动步数"可以调节小鸡跟随鼠标指针移动的速度，如图 2-60 所示。

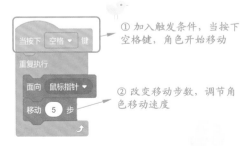

① 加入触发条件，当按下空格键，角色开始移动

② 改变移动步数，调节角色移动速度

图 2-60　小鸡角色移动及速度调节

3. 让老鹰不断追赶小鸡

 **Ask**

视频观看

老鹰是生性凶猛的动物，瞄准目标后不抓到目标就不肯罢休，如何通过编程实现老鹰以恒定速度不断追赶小鸡，当撞上母鸡时停止移动 1 秒的效果呢？

 **Analyze**

跟随目标角色移动的方法

"跟随目标角色移动"的方法与"跟随鼠标指针移动"的方法基本相同，只是跟随目标不同。也有直达法、滑行法、步进法这三种方法，采用的指令积木相同，

直达法

滑行法

步进法

图 2-61　跟随目标角色移动的三种方法

通过单击"倒三角形"按钮修改参数，如图 2-61 所示。

 **Act**

要实现老鹰以恒定速度不断朝着小鸡运动的效果，可采用步进法。此外，通过增加"碰到母鸡"的判断函数，实现"当撞上母鸡时停止移动 1 秒"的效果。给老鹰角色编写程序如图 2-62 所示，其中，"如果……那么……"指令积木从"控制"模块列表中选取，

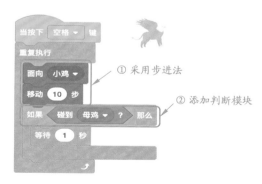

图 2-62　老鹰角色程序

指令积木在"侦测"模块列表中选取，添加判断模块的知识点将在案

84

例 15 中具体讲解。完成程序后按空格键，老鹰就会动起来。

4.　让母鸡努力保护小鸡

视频观看

　　母鸡护子心切，一直努力跑到老鹰和小鸡的中间，用身体挡住老鹰，请问如何通过编程实现呢？

求两个位置坐标的中间点

　　坐标就是在画面上表示角色位置的数值。x 用来表示左右方向的位置，数值越大越靠右；y 用来表示上下方向的位置，数值越大越靠上。

　　已知位置 1 的坐标为（x_1，y_1），位置 2 的坐标为（x_2，y_2），则它们中点的坐标为（（x_1+x_2）/2，（y_1+y_2）/2）。也就是说，中点的坐标为已知两点坐标的平均数，其中"/"代表的是除法运算。

初 识 变 量

　　我们在生活中一般会用特定的容器存放某一类物品，如用果盘放水果，用杯子盛饮料。容器的作用是方便存放和提取，我们在程序中也有用来存放信息的"容器"，这个"容器"就叫作"变量"。例如，两个点的中点的 x 坐标和 y 坐标用变量来表示，这样更加简洁。变量的详细介绍见《Scratch 编程思维一点通（下册）》案例 18。

　　新建变量：选中母鸡角色，单击"变量"标签切换到"变量"模块列表，在弹出的指令积木中，单击"建立一个变量"按钮，然后在弹出的窗口中输入变量名称 x，如图 2-63 所示。之后再继续新建一个变量 y。

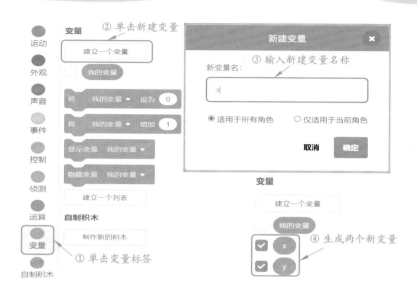

图 2-63　新建变量

　　赋值变量：给母鸡角色编写程序，先求出老鹰和小鸡的中点位置，再让母鸡在 3 秒内滑到该中点挡住老鹰。如图 2-64 所示，程序中将"运算"模块列表中的指令积木 ⬭+⬭ 和 ⬭/⬭ 嵌套在一起组成 ⬭+⬭/⬭ ，并赋值给"变量"模块列表中的指令积木 将 我的变量 ▾ 设为 **0** 。

老鹰 ▾ 的 x坐标 ▾ 和 老鹰 ▾ 的 y坐标 ▾ 等指令积木由"侦测"模块列表中的指令积木 舞台 ▾ 的 backdrop # ▾ 修改参数而来。

图 2-64　赋值变量

5. 让小鸡被捉到后消失

如何显示出小鸡被老鹰捉到后消失的效果呢？

角色的显示和隐藏

在"外观"模块列表中，有两个指令积木 显示 和 隐藏 用来显示和隐藏角色造型。

给小鸡角色编程如图 2-65 所示，记得要在单击"绿旗"按钮后先显示角色，不然小鸡角色消失后就不能再显示了。当三个角色的程序都编写完成，单击"绿旗"按钮开始游戏吧！

6. 创意扩展

请自由尝试让小鸡保卫战更有趣一些，例如：

（1）让老鹰不断切换造型，并发出恐怖的声响。

（2）让母鸡挡住老鹰的时候发出吓唬老鹰的声音。

（3）让小鸡在被老鹰捉到后发出尖叫。

完成程序后保存为"小鸡保卫战 1"。

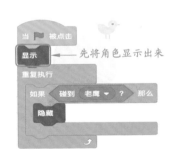

图 2-65　角色的显示和隐藏

2.3.4　收获总结

类别	收　获
生活态度	通过了解自然界中的母爱行为，认识母爱的无私和伟大，激发对母亲的感恩之心
知识技能	（1）角色名称是角色的一种属性，在角色列表中单击角色，然后在"角色属性区"中输入新的名称，即可完成角色名称的修改； （2）让角色"跟随鼠标指针移动"或"跟随目标角色移动"有三种方法：直达法、滑行法和步进法； （3）两个已知位置的中点坐标为这两个位置的坐标平均数； （4）"外观"模块列表中的指令积木 显示 和 隐藏 可以用来显示和隐藏角色造型
思维方法	通过了解"跟随鼠标指针移动"的不同实现方式，培养多元思维

2.3.5　学习测评

一、选择题（不定项选择题）

1. 下面哪个选项可以修改角色的名称？（　　　）

　　A．角色库　　　　B．背景库　　　　C．角色属性区　　　　D．"外观"模块列表

2. 下面哪个程序能够实现小鸡一直跟随鼠标移动？（　　　）

A. 　　　B. 　　　C.　　　D.

3．已知位置 1 的坐标为 (x_1, y_1)，位置 2 的坐标为 (x_2, y_2)，则它们中点的坐标是多少？（　　　）

  A．$((x_1+y_1)/2，(x_2+y_2)/2)$ B．$((x_1+x_2)/2，(y_1+y_2)/2)$

  C．$((x_1+y_1)*2，(x_2+y_2)*2)$ D．$((x_1+x_2)*2，(y_1+y_2)*2)$

4．"面向……"指令积木在下面哪个模块列表中能找到？（　　　）

  A．"运动"模块列表   B．"外观"模块列表

  C．"控制"模块列表   D．"侦测"模块列表

5．"显示"和"隐藏"指令积木在下面哪个模块列表中能找到？（　　　）

  A．"运动"模块列表   B．"外观"模块列表

  C．"控制"模块列表   D．"侦测"模块列表

二、设计题

如图 2-66 所示，在"打字训练器 1"的基础上进一步开发，当✔角色移动到某字母角色上时，该字母角色发出声音"Bite"，字母变大到 150%，等待 1 秒后该字母角色消失，完成程序后保存为"打字训练器 2"。

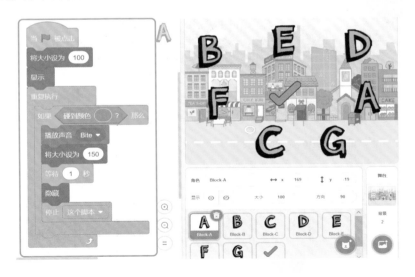

图 2-66　打字训练器 1

提示 1：用"隐藏"和"显示"功能可以让角色出现和消失，为了在每次启动程序的时候使所有字母角色都正常显示在屏幕上，需要在单击"绿旗"按钮后将角色大小设置为 100%，并显示角色。

提示 2：要判断✔角色是否移动到了某字母角色上，可以判断该字母角色是否碰到了✔角色的颜色，可以用取色器来提取✔角色的颜色，如图 2-67 所示。

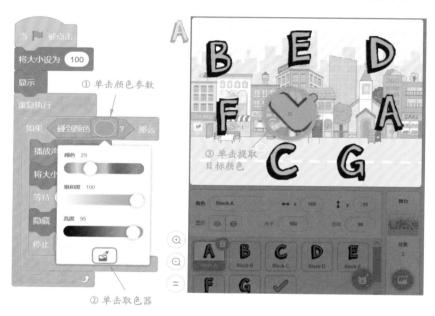

图 2-67　取色器取色

提示 3：如图 2-68 所示，在声音库里单击"古怪"标签，可以快速找到声音文件 Bite。

提示 4：所有字母角色的程序是一样的，可以使用复制的方式来减少编辑代码的工作量。在 A 角色的程序中，如图 2-69 所示，用鼠标左键按住"当绿旗被点击"指令积木并拖动到其他字母角色的图标上之后再放开，就可以把 A 角色的程序复制给其他字母角色了。

② 找到声音文件Bite

① 单击"古怪"标签

图 2-68 声音库界面

用鼠标左键按住首个指令积木，依次拖动
到其他字母角色后再放开，完成复制

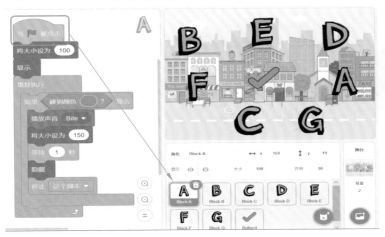

图 2-69 字母角色指令复制

2.4 画笔和图形绘制
——案例6：几何小画家

2.4.1 情景导入

　　小朋友们，你们知道动物中的几何天才是谁吗？蜜蜂的蜂房是严格的六角柱状体，这样可以用最少的材料取得最多的空间；蜘蛛结出来的"八卦"形的网，既方便蜘蛛移动同时也提高了抗风性能；猫到了冬天将自己身体抱成一个圆球，让身体的表面积最小，减少了热量的散发；蜗牛用长着螺旋线的壳来保护自己免受天敌的侵袭。

　　几何是数学的分支，在人类的生产和生活中有特别重要的作用，与人类的衣、食、住、行息息相关，小朋友喜欢的蛋糕糖果、漂亮的衣服、出行的交通工具、舒适的房屋建筑，都与美丽的几何图形有关。

　　让我们变身几何小画家，用 Scratch 画出美丽的图形吧！

2.4.2 案例介绍

本案例效果如图 2-70 所示。

1. 功能实现

　　通过键盘按键来触发几何图形的绘制，按空格键清空图形，按"1"键自动绘制出一条线段，按"3"键自动绘制出三角形，按"4"键自动绘制出正方形，按"5"键自动绘制出五角星，按"6"键自动绘制出近似圆形，按"7"

图 2-70　美丽的图形

键自动绘制出螺旋线，按"8"键自动绘制出组合图，按"9"键和"0"键作为触发事件控制"落笔"和"抬笔"实现自由绘制图形。

2. 素材添加

角色：铅笔 Pencil。

背景：蓝天 Blue Sky2。

程序效果
视频观看

3. 流程设计

本案例流程设计如图 2-71 所示。

1. 设置角色的大小和位置
2. 绘制一条线段
3. 设置造型中心
4. 绘制出三角形
5. 绘制出正方形
6. 绘制出五角星
7. 绘制出近似圆形
8. 绘制出螺旋线
9. 绘制出组合图
10. 自由绘制图形
11. 创意扩展

图 2-71　流程设计

2.4.3　知 识 建 构

1. 设置角色的大小和位置

Ask

视频观看

添加完角色 Pencil，如何将其调节到合适大小，并显示在位置（0，0）处呢？

 *Analyze*

改变角色大小的方法

前面已经学习过，改变角色大小有两种方式：

（1）指令积木控制法：用"外观"模块列表中的"大小设置"指令积木。

（2）角色属性编辑法：直接修改"角色属性区"中的"大小属性"参数。

改变角色坐标的方法

前面已经学过，让角色移动到指定坐标位置有两种方式：

（1）坐标闪现法：让角色瞬间移动到指定坐标位置。

（2）坐标滑行法：在设定的时间内让角色滑行到指定坐标位置。

 *Act*

如图 2-72 所示，以"角色属性编辑法"设置角色的大小为例，在"角色属性区"中直接设置角色大小为 50。

以"坐标闪现法"设置角色的位置为例，用指令积木 移到 x: ◯ y: ◯ 让角色在按下空格键后移动到坐标 (0，0) 处，也就是屏幕中心。

图 2-72　设置角色大小

2. 绘制一条线段

 *Ask*

如何实现按键盘的"1"键后，自动绘制出一条线段呢？

视频观看

Scratch的扩展功能——画笔

Scratch 将一部分不太常用的功能放到了"添加扩展"中，单击软件界面左下角的"添加扩展"，再选择"画笔"，就会在界面左侧出现画笔标签 ，单击该标签切换到"画笔"模块列表，就可以看到用来设置落笔、抬笔、画笔颜色、画笔粗细的相关指令积木，如图 2-73 所示。

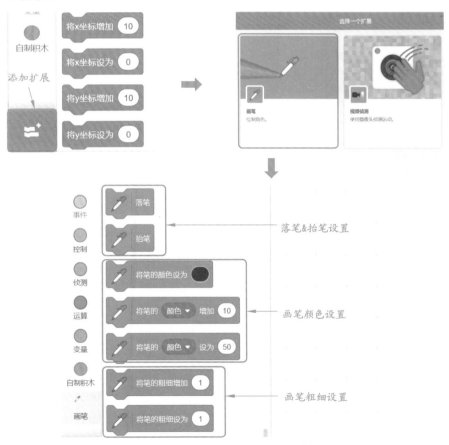

图 2-73　画笔功能

95

通过扩展功能添加"画笔"模块，然后选择相应指令积木进行编程。程序如图 2-74 所示。为了保证每次开始的时候画布是干净的，需要在按下空格键后增加 全部擦除 指令积木，画图前要先设置画笔的颜色和粗细，画图时要先落笔，画完后再抬笔。

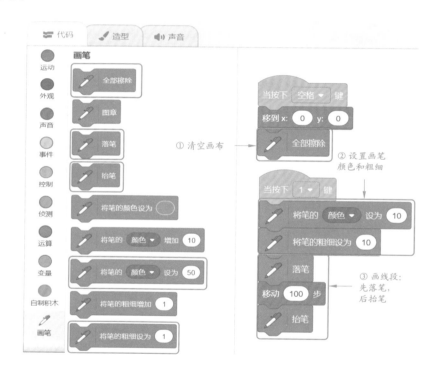

图 2-74　画图模块编程

如图 2-74 所示的例子中，当按下空格键的时候，首先画笔回到坐标原点，然后清空画布。当按下"1"键时，设置画笔的粗细和颜色，然后落笔，横向移动 100 步，起笔，线段绘制完成。

Ask

如图 2-75 所示，画的线段是从左往右画的，如何实现从上往下画线段呢？

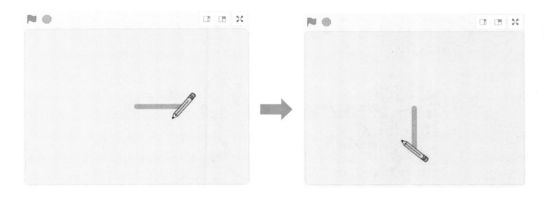

图 2-75　画线段

Analyze

角色的朝向设置

如图 2-76 所示，Scratch 将角色按照一个圆周分为两部分，分别是 0 ～ 180° 与 0 ～ -180°。朝向正上方为 0°，从正上方顺时针到正下方是 0 ～ 180°，因此朝向正右方是 90°；从正上方逆时针到正下方是 0 ～ -180°，因此朝向正左方是 -90°。

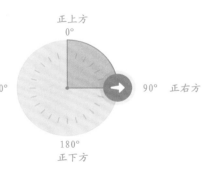

图 2-76　角色朝向划分

程序如图 2-77 所示，在之前程序的移动指令前增加 面向 **180** 方向 指令积木，就可以实现从上往下画一条线段了。

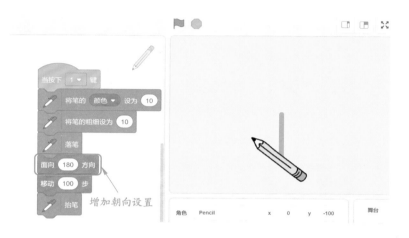

图 2-77　增加朝向设置

3. 设置造型中心

视频观看

如图 2-78 所示，前面绘制线段的程序还存在缺陷，这并不是用笔尖画的线段，请问如何修改才能用笔尖绘制线段呢？

图 2-78　程序缺陷

角色的造型中心点

每个坐标只是一个"点"的位置,而角色的造型远比一个点大,是由很多个点组成的,因此我们通过选取角色造型上的某一个点表示角色的位置,那么选取哪个点呢?从角色库中选取的角色都已经默认设置好了这个点,这个点为角色的"造型中心点",它具有如下特点:

(1)角色的"造型中心点"是可以修改的,甚至可以移到角色造型之外。

(2)画笔在纸上留下的轨迹其实就是其"造型中心点"的运动轨迹。

将画笔的造型中心点移到笔尖:首先单击"造型"标签,进入画笔的造型编辑界面,再单击"选择"按钮,先框选画笔再对其进行拖动,可以发现画布上有一个带十字的小圆圈(原本在画笔的中心位置),这就是画笔的"造型中心点"。拖动画笔使它的笔尖正好落在这个小圆圈上,这就使画笔的"造型中心点"从中间位置移到了笔尖,如图 2-79 所示。

4. 绘制出三角形

如何实现按键盘的"3"键后,自动绘制出一个正三角形呢?

视频观看

正三角形的内角

三角形的内角和是 180°,等边三角形也叫正三角形,它的三个内角相等,如图 2-80 所示,每个内角都是 60°。绘制正三角形时,每次需要转动 180°-60°=120°。

图 2-79　铅笔的造型中心点

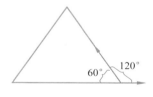

图 2-80　等边三角形

程序如图 2-81 所示，因为正三角形有 3 条边，因此要重复执行 3 次画线操作，每次转动 120°。

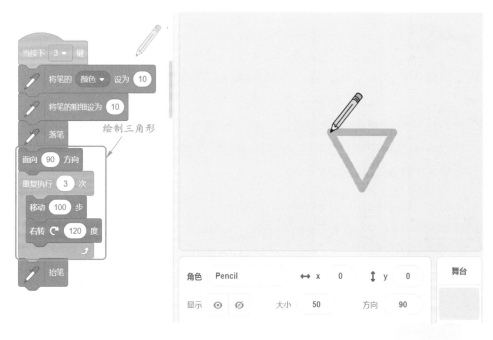

图 2-81　绘制三角形

5. 绘制出正方形

如何实现按键盘的"4"键后，自动绘制出一个正方形呢？

正方形的内角

四边形的内角和是 360°，无论是长方形或正方形，四个内角相等，因此正方形的每个内角都是 90°，如图 2-82 所示。绘制长方形或正方形时，每次需要转动 180°-90°=90°。

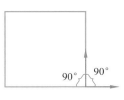

图 2-82　正方形

程序如图 2-83 所示，因为正方形有 4 条边，因此要重复执行 4 次画线操作，每次转动 90°。

细心的读者应该已经发现，正方形绘制程序的指令积木与正三角形的是相似的，两者的区别在于参数设定的不同。对于相同的指令积木，可以采取先复制，再微调的方式编写程序，快来试一试吧！

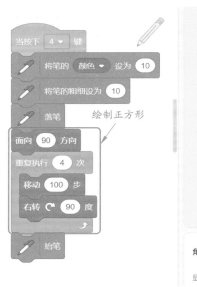

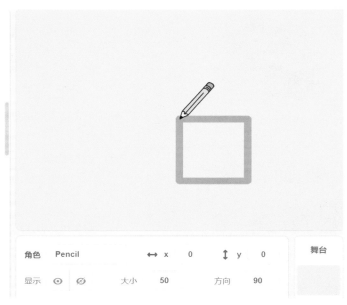

图 2-83　绘制正方形

6. 绘制出五角星

如何实现按键盘的"5"键后，自动绘制出一个五角星呢？

视频观看

五角星的内角

五角星的每个顶角为 36°，如图 2-84 所示。绘制五角星时，每次需要转动 180°−36°=144°。

程序如图 2-85 所示，因为五角星可以用 5 笔画出来，因此要重复执行 5 次画线操作，每次转动 144°。

图 2-84　五角星

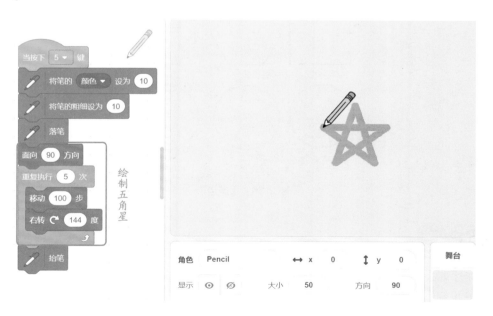

图 2-85　绘制五角星

7. 绘制出近似圆形

视频观看

如何实现按键盘的"6"键后，自动绘制出一个近似圆形呢？

近似圆的概念

如图 2-86 所示，当正多边形的边数越多，看起来越接近圆形，因此增加正多边形的边数可以得到近似圆形。

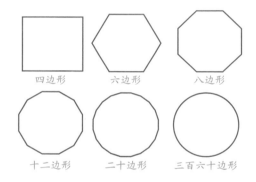

图 2-86　正多边形

程序如图 2-87 所示，绘制三百六十边形来作为近似圆形，转动 360 次回到原来方向，因此每次转动 360° ÷ 360 = 1°。

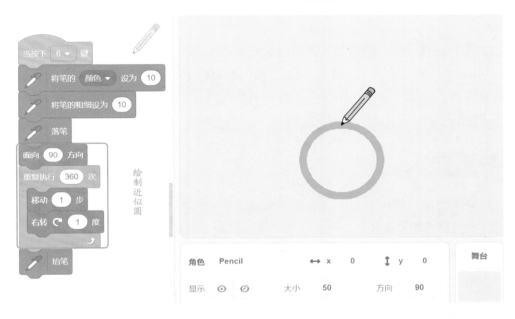

图 2-87 绘制近似圆形

8. 绘制出螺旋线

 *Ask*

视频观看

螺旋线是一种美妙的曲线，在自然界和工程界的很多物体上都能见到它的身影，如蜗牛壳、龙卷风、螺钉、弹簧、棒棒糖。如何实现按键盘的"7"键后，自动绘制出一个螺旋线呢？

 *Analyze*

螺旋线的概念

数学中有各式各样富含诗意的曲线，螺旋线就是其中的一类，它又分为很多种，其中平面螺旋是在平面内以一个固定点开始向外逐圈旋绕展开而形成的曲线。

变量和容器

生活中我们一般会用特定的容器存放一类物品，程序中也有用来存放信息的"容器"，这个"容器"就是"变量"。例如，我们可以建立一个叫作"商品名称"的变量，里面既可以放铅笔、橡皮，还可以放巧克力、冰淇凌；我们还可以建立一个叫作"商品数量"的变量，里面既可以放 1、2、3，也可以放 4、5、6 等。

螺旋线的特点是从中心点向外逐渐旋绕展开，因此在旋转的过程中，要逐渐增加"步长"，螺旋线的"步长"应该是一个"变量"而不是固定的数值。

如图 2-88 所示，单击"变量"标签切换到"变量"模块列表，在弹出的指令积木中，单击"建立一个变量"按钮，然后在弹出的窗口中输入变量名称"步长"。

图 2-88　新建变量

程序如图 2-89 所示，设置重复执行 200 次操作，每次转动 10°，每次步长增加 0.1。每次转动角度越大，螺旋线就越紧密，展开就越慢；每次增加步长越大，螺旋线就越松散，展开就越快。同学们可以自己尝试画出不同的螺旋线。

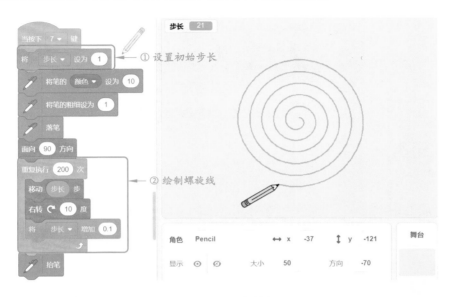

图 2-89　绘制螺旋线

9. 绘制出组合图

 **Ask**

很多漂亮图案是由三角形等基础图形组合而成的，如地板瓷砖的花纹，如图 2-90 所示。如何实现按键盘的"8"键后，自动绘制出一个组合图呢？

视频观看

图 2-90　地板瓷砖花纹

 **Analyze**

图形的组合

如图 2-91 所示，用 6 个正三角形可以组合成正六边形，用多个正六边形可以铺满平面，地板砖就常做成正三角形或者正六边形，这样方便铺满地面。

图 2-91　正三角形的组合

　　程序如图 2-92 所示，用"嵌套循环（循环里套着循环）"的方式来绘制用 6 个正三角形组合成的正六边形，其中外部循环用来控制所画三角形的个数，内部循环用来控制所画的三角形的边数。每画完一个正三角形应该转动 60°。

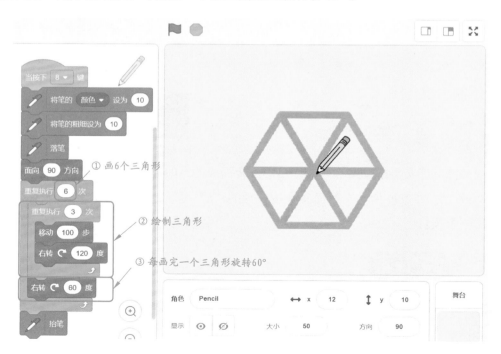

图 2-92　绘制正六边形

10. 自由绘制图形

如何通过编程实现按键盘的"9"键和"0"键，就能用鼠标的指针自由绘制图形呢？

用列表法分析问题

用列表格分析问题、解决问题的方法叫作列表法。小学数学就介绍了列表法的应用。

自由绘制图形包括 3 个动作：跟随鼠标指针移动、落笔、抬笔，总共可以分为两个状态：绘图、不绘图，用列表法表示如表 2-1 所示。

表 2-1　列表法表示

状　态	笔的移动状态	笔的抬落状态
状态 1：绘图	跟随鼠标指针移动	落笔
状态 2：不绘图	跟随鼠标指针移动	抬笔

可见"跟随鼠标指针移动"的动作贯穿始终，而"落笔"和"抬笔"的动作分别归属于两个状态，因此可以将"跟随鼠标指针移动"放到初始化里，而"落笔"和"抬笔"分别放在一个触发事件里。

首先进行画笔初始化，让画笔保持抬起状态，清空画布，设置画笔的颜色和粗细；然后让画笔一直跟随鼠标指针移动；最后，用"9"和"0"键作为触发事件控制落笔和抬笔，如图 2-93 所示。通过控制按键和鼠标，就可以自由画出自己想要的图案了。

图 2-93　自由绘制图形

11．创意扩展

请自由尝试让几何小画家的过程更有趣一些，例如：

（1）在画多边形的时候，让每条边的颜色不一样。

（2）在自由绘制图形的时候可以选择画笔的颜色。

完成程序后保存为"几何小画家 1"。

2.4.4 收获总结

类别	收 获
生活态度	通过了解动物世界中几何图形的神奇作用，激发了对日常事物的好奇心和敬畏心，以及学习数学的主动性
知识技能	（1）Scratch将一部分不太常用的功能放到了"添加扩展"中，单击软件界面左下角的"添加扩展"就可以找到这些功能，如"画笔"功能就在"添加扩展"中； （2）画图前需要先清空画布并设置画笔的颜色和粗细，画图时要先落笔，画完后再抬笔； （3）Scratch将角色按照圆周分为两部分，朝向正上方为0°，从正上方顺时针到正下方是0～180°，从正上方逆时针到正下方是0～-180°； （4）角色的"造型中心点"是用于表示角色位置的坐标点，它可以被修改，甚至移动到角色造型之外，画笔在纸上留下的轨迹其实就是其"造型中心点"的运动轨迹； （5）三角形的内角和是180°，等边三角形的每个内角都是60°，四边形的内角和是360°，正方形的每个内角都是90°，正五边形的每个内角都是108°，平面螺旋线是在平面内以一个固定点开始向外逐圈旋绕展开而形成的曲线； （6）用列表格分析问题、解决问题的方法叫作列表法
思维方法	通过掌握用于分析问题、解决问题的列表法，培养了逻辑思维

2.4.5 学习测评

一、选择题（不定项选择题）

1. 下面哪一项不是Scratch的扩展模块中的功能？（   ）

 A．音乐　　　　B．画笔　　　　C．事件　　　　D．视频侦测

2. Scratch中朝向正右方的角色的朝向是多少？（   ）

 A．180°　　　　B．0°　　　　C．90°　　　　D．-90°

3. 下面关于角色造型中心的说法，正确的有哪些？（   ）

A．角色的造型中心就是角色几何中心

B．角色的造型中心必须落在角色上

C．角色的造型中心可以不在角色上

D．一个角色可以同时有多个造型中心

4. 下面关于螺旋线绘制指令的说法，正确的有哪些？（　　　）

A．每次转动角度越大，螺旋线越松散，展开就越快

B．每次转动角度越大，螺旋线越紧密，展开就越慢

C．每次增加步长越大，螺旋线越松散，展开就越快

D．每次增加步长越大，螺旋线越紧密，展开就越慢

5. "画笔"模块列表中的指令积木可以实现哪些功能？（　　　）

A．落笔和抬笔　　B．设置画笔长度　　C．设置画笔颜色　　D．设置画笔粗细

二、设计题

根据图 2-94 所示的信息编写一个关于画笔的程序，画笔重复地由内向外画长方形，并且不断变换画笔颜色，等画满画布之后清空画布再重复，设置背景音乐循环播放。完成程序后命名为"超时空隧道 1"并保存。

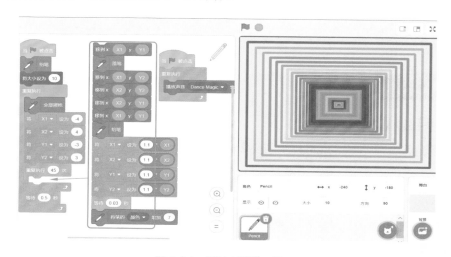

图 2-94　超时空隧道 1 界面

第 3 章　外观和造型

　　面对如此趣味无穷的 Scratch，资深玩家都会流连忘返。为什么 Scratch 能让人百玩不厌呢？我想这离不开它多样化的外观和造型功能。Scratch 不仅在角色库里准备了很多有趣的角色造型，还让使用者上传自己的角色造型，这意味着使用 Scratch 能够轻松地做出各种各样的角色造型，支撑起无穷无尽的创新想法。

　　本章介绍五个例子，分别是"猜谜大闯关""悟空变变变""亲手做蛋糕""魔法小课堂"和"奔驰的骏马"，通过这 5 个案例的学习，同学们将掌握 Scratch 中关于"外观"和"造型"的基本控制方法，随心所欲地创造出更多有趣的角色造型。

　　你想让你计算机上的 Scratch 拥有更多可爱的角色造型吗？让我们一起开始本章的学习吧！

·本章主要内容·

· 文字显示和朗读 ·

· 造型添加和切换 ·

· 造型绘制和修改 ·

· 造型的特效控制 ·

· 角色的克隆功能 ·

3.1　文字显示和朗读
——案例7：猜谜大闯关

3.1.1　情景导入

　　谜语最初起源于我国先秦时期的民间口头文学，已有两千多年历史，是我们的祖先在长期生产劳动和生活实践中创造出来的，是劳动人民聪明才智的表现。2008 年 6 月，谜语经国务院批准被列入第二批国家级非物质文化遗产名录。

　　小朋友在学校中应该也接触了不少谜语吧，你能猜出下列谜面的谜底吗？

　　小飞机，纱翅膀，飞来飞去灭虫忙，低飞雨，高飞晴，天气预报最在行。（打一动物）

　　远看玛瑙紫溜溜，近看珍珠圆溜溜，掐它一把水溜溜，咬它一口酸溜溜。（打一水果）

　　失去凡心。（打一文字）

　　很多学校在"六一"儿童节时会举办猜灯谜活动，将谜面写在一张张纸条上再放入箱子中，然后让同学们通过抓阄的方式取出一张纸条，并在限定的时间内作答。如果你拿到了一张什么都没写的空白纸条，那是怎么回事呢？

　　有可能制作灯谜的同学是个小马虎，将还没写上谜面的纸条混入箱子中，也有可能制作灯谜的同学是个谜语高手，他知道全世界最神奇的无字谜语——白芷。

　　以后当你和同学们玩猜谜游戏时，可以拿一张白纸摆到同学们面前，然后说："请猜一味中药的名字"。当同学们提醒你忘记写谜面的时候，你可以得意地说："大家猜不出来就算了，这可是无字天书。谜底是'白芷'，没想到吧？"。为了表现你的丰富学识，还可以解释到："白芷是一味药用价值很高的中药，可以用于治疗风寒感冒、头痛、鼻炎、牙痛等症状，用白芷做成面膜还有美容美白的功效呢！"

猜字谜真是趣味无穷、博大精深，让我们用 Scratch 编写出猜字谜的程序吧！

3.1.2　案例介绍

本案例效果如图 3-1 所示。

图 3-1　猜字迷游戏

1.　功能实现

小姑娘 Abby 想进入城堡，却被守门使者鹦鹉 Parrot 给拦住了，她必须答对鹦鹉的字谜才能进入城堡。请编写 Scratch 程序，用"文字显示"和"文字朗读"的功能来模拟小姑娘 Abby 和鹦鹉 Parrot 一问一答的猜字谜过程。

2.　素材添加

角色：小姑娘 Abby、鹦鹉 Parrot。

程序效果
视频观看

背景：城堡 Castle 1。

3. 流程设计

本案例流程设计如图 3-2 所示。

1. 设置背景和角色

2. 用"文字显示"方式提出问题

3. 用"文字显示"方式表示思考

4. 小姑娘答题&鹦鹉宣布结果

5. 用"文字朗读"实现角色对话

6. 创意扩展

图 3-2 流程设计

3.1.3 知识建构

1. 设置背景和角色

视频观看

添加完背景和角色后，发现小姑娘和鹦鹉的脸朝着同一个方向，怎样能让她们面对面呢？

角色朝向的控制

鹦鹉和姑娘都是朝右看（+90° 方向），如果将小姑娘改为朝左看（–90° 方向），就可以让她们变成面对面。如图 3-3 所示，为了防止小姑娘变成头朝下，需要提前将旋转方式设定为"左右翻转"模式。

在指令积木 面向 90 方向 中输入 −90° 有两种方法：一种是用键盘直接输入"−90"，另一种是单击指令积木的输入框后，用鼠标左键按住下方表盘的箭头并拖动到左侧，如图 3-4 所示。

图 3-3　角色朝向设置

方法1：鼠标选中数字后，用键盘输入"−90"

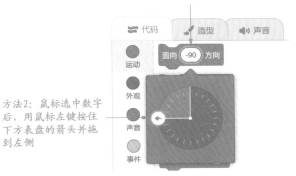

方法2：鼠标选中数字后，用鼠标左键按住下方表盘的箭头并拖到左侧

图 3-4　角色朝向设定

 Act

小姑娘的控制程序如图 3-5 所示，输入面向 −90° 方向，单击"绿旗"按钮后，她就能面朝鹦鹉了。

图 3-5　角色朝向调整

2. 用"文字显示"方式提出问题

如何让鹦鹉跟小女孩打招呼，说"你好！"呢？

视频观看

话语的呈现方式：文字显示

可以在"外观"模块列表中找到两个以"文字显示"方式表示"话语"的指令积木，这两个指令积木里都有椭圆形的文字框，默认内容都是"你好！"，如图 3-6 所示。

图 3-6　文字显示指令积木

把上面两个指令积木拖到脚本区，用鼠标分别单击两个积木，就可以看到执行效果啦！

上面两个"文字显示"指令积木的执行效果有什么区别？如果要让鹦鹉打招呼的文字保持 10 秒再消失该怎么做呢？

"文字显示"的时间控制

用指令积木 说 你好! ，鹦鹉的话会持续显示，不会消失；而用指令积木 说 你好! 2 秒 ，鹦鹉的话显示 2 秒后就会消失。

改变指令积木 说 你好! 2 秒 中的数字，可以改变文字显示时间的长短。

将指令积木 说 你好! 2 秒 中的数字改为 10，也就是 说 你好! 10 秒 ，再单击积木，就可以使鹦鹉的话显示 10 秒后再消失。

如何让鹦鹉说出其他的内容呢？比如说"你好！我的好朋友"。

编写说话内容

指令积木 说 你好! 和 说 你好! 2 秒 的椭圆形文字框里默认的内容"你好！"是可以修改的，我们可以随意输入想要的文字哦！

将前面的两个指令积木任选一个拖到脚本区，将指令积木白色输入框的内容改为"你好！我的好朋友"，再单击积木，角色就会说"你好！我的好朋友"，如图 3-7 所示。

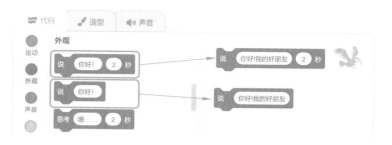

图 3-7　编写说话内容

小朋友，鹦鹉可是有名的话痨哦！它有时会喋喋不休地说个不停。要让鹦鹉连续说出好几句话，如图 3-8 所示的程序对吗？如果不对，该如何修改呢？

图 3-8　鹦鹉说话的程序

增加延时指令积木

因为程序运行速度特别快，前面的程序瞬间就会执行完，前面的两句话"你好！我的好朋友""请和我一起玩猜字谜的游戏吧！"因为显示时间特别短就被覆盖掉，因此根本看不出曾经显示过，最终只显示出"失去凡心，猜一个字"。

要连续说出好几句话，需要每说完一句话后停顿一下，再说下一句。可以每执行完指令积木 说 你好! 后增加延时指令积木 等待 1 秒 保持停顿状态，或直接用带时间参数的指令积木 说 你好! 2 秒 。

方式 1：从"外观"模块列表中拖出 3 个 说 你好! 指令积木到脚本区，再从"控

制"模块列表中拖出 2 个  指令积木到脚本区，将指令积木拼接在一起，再改变说话内容和显示时间，程序如图 3-9 所示。

方式 2：从"外观"模块列表中拖出 2 个  和 1 个 指令积木到脚本区，并拼接在一起，再改变说话内容和显示时间，如图 3-10 所示。

图 3-9　程序一

图 3-10　程序二

很明显，方式 2 比方式 1 简洁一些，因此方式 2 是首选。

Ask

现实中鹦鹉需要不断拍动翅膀才能悬停在空中，否则会掉下来。在 Scratch 程序的虚拟世界里，虽然鹦鹉角色不会因为没有拍动翅膀就掉下来，但是如果能让它拍动翅膀是不是更生动呀？那么如何让鹦鹉边说话边拍动翅膀呢？

Analyze

重复切换造型

单击"造型"标签，可以看到鹦鹉有两个造型，如图 3-11 所示。来回单击切换两个造型可以实现鹦鹉舞动翅膀的效果。

图 3-11　重复切换造型

在代码选项卡的"外观"模块列表中有控制角
色造型的指令积木 换成 Parrot-A▼ 造型 和 下一个造型 ，
使用它们可以实现对造型的自动控制，如图 3-12 所示。

图 3-12　造型自动控制

（1）单击"代码"标签，进入鹦鹉角色的代码编辑界面。

（2）从"事件"模块列表中找到 当 ▶ 被点击 指令积木，从"控制"模块列表找到
"重复执行"指令积木 重复执行 和 等待 1 秒 指令积木，从"外观"模块列表找到
下一个造型 指令积木，如图 3-13 所示，拼接积木并修改参数。

图 3-13 代码编辑

3. 用"文字显示"方式表示思考

视频观看

鹦鹉出完谜题后，小姑娘需要先思考一下再回答，如何表现出小姑娘的思考过程呢？

"思考"和"说"的区别

"外观"模块列表中的 思考 嗯…… 和 思考 嗯…… 2 秒 是专门用于表示思考的指令积木，跟 说 你好! 和 说 你好! 2 秒 指令积木显示出来的动画效果有细微区别。如图 3-14 所示，"说……"的语句框下方是一个似喇叭的弯角，而"思考……"的语句框下方是三个分离的小圆圈，表示想说的话憋在心里但还没有说出来。

123

图 3-14 "说"和"思考"的区别

从"外观"模块列表中拖出指令积木 思考 嗯…… 到脚本区，修改里面的内容为"到底是哪个字呢？"，指令积木变为 思考 到底是哪个字呢？ 。

小姑娘需要等鹦鹉出了字谜后才开始思考，不能单击"绿旗"按钮后就马上思考，否则不符合时间逻辑，请问该如何实现呢？

用"等待"控制角色之间的互动节奏

可以用"控制"模块列表中的指令积木 等待 1 秒 实现等待的效果，指令积木的默认时间是 1 秒，可以根据需要修改。

鹦鹉说话总共用了 6 秒，因此把等待时间改为 6 秒，小姑娘等待 6 秒后再执行 思考 到底是哪个字呢？ 指令积木，程序如图 3-15 所示。

图 3-15　小姑娘思考的程序

4. 小姑娘答题&鹦鹉宣布结果

 **Ask**

小姑娘想了一段时间，当她想出答案时，怎样让她把答案说出来呢？

视频观看

Analyze

手动触发，输出答案

当小姑娘想开始答题，可以通过"事件"模块列表里的指令积木  或 当角色被点击 来告知程序执行后面的操作。前者通过键盘输入，可以自主选择不同的按键；后者通过鼠标输入，需要用鼠标指针单击对应的角色。

 **Act**

从"事件"模块列表中拖出 当按下 空格▼ 键 ，从"外观"模块列表中拖出 说 你好! 2 秒 ，拼接在一起，并修改内容为"我知道啦，是几字"，程序如图 3-16 所示。

图 3-16　程序

鹦鹉专心听答案，小姑娘开始答题时就把谜面收起来，等小姑娘提交完答案后，便告知"答对了，你真棒👍"

让不限时的说话内容消失

同样，可以用 当按下 空格▾ 键 标识小姑娘已经开始答题了。如何收起谜面，也就是如何让此时屏幕上鹦鹉说的话消失，可以用不含内容的指令积木 说 ，因为对鹦鹉来说，"说"了一句空白的话相当于让之前说话的内容消失。如何等待小姑娘答完题后再公布结果，可以用 等待 2 秒 实现。上面两个积木可以直接用一个指令积木 说 2 秒 代替，如图 3-17 所示。

从"事件"中拖出 当按下 空格▾ 键 ，从"外观"中拖出 2 个 说 你好! 2 秒 ，拼接在一起，并修改内容。至此，对话部分程序的制作就完成了，如图 3-18 所示。

图3-17　指令积木　　　　　　　图3-18　对话部分程序

肢体语言是口头语言的补充，恰当的肢体语言能够丰富我们的情感表达，那么如何给小姑娘配上恰当的肢体语言呢？

126

指定合适造型，丰富人物肢体语言

打开小姑娘的造型编辑界面，可以看到她有 4 个造型，其中造型 abby-a 表示正常说话，abby-b 表示努力思考，abby-c 表示恍然大悟，abby-d 表示认真倾听。

小姑娘的肢体语言应该是先认真倾听鹦鹉出题，然后努力思考谜底，等想出答案后恍然大悟，依次用到造型 abby-d、abby-b 和 abby-c。

从"外观"模块列表中拖出切换造型指令积木 换成 abby-a▾ 造型 ，插入小姑娘程序中的相应位置，并选择合适的造型，程序如图 3-19 所示。

图 3-19　切换造型程序

5. 用"文字朗读"实现角色对话

视频观看

通过"外观"模块列表的指令积木，可以让角色的"台词"以文字的形式呈现出来，但是有没有可能让鹦鹉真正开口说话呢？

话语的呈现方式：文字朗读

　　Scratch 将一部分不太常用的功能放到了"添加扩展"中，单击软件界面左下角的"添加扩展"，再选择"文字朗读"，就可以在界面左侧看到"文字朗读"的三个指令积木了，如图 3-20 所示。

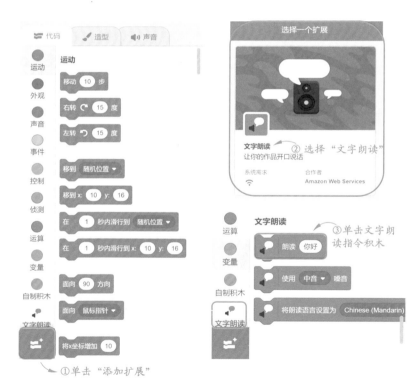

图 3-20　文字朗读

其中，指令积木可以用来设置朗读的内容；使用 尖细▼ 噪音 指令积木可以用来设置嗓音；指令积木可以用来指定语种。

拖出"文字朗读"中的三个指令积木，拼接在一起，并修改内容，程序如图 3-21 所示。

图 3-21　文字朗读程序

Ask

如何在"朗读"的同时用"文字"形式呈现出"要说的话"呢？如图 3-22 所示程序符合需求吗？为什么？

图 3-22　程序

Analyze

"文字朗读"和"文字显示"的时间持续性

"文字朗读"需要持续一段时间，而"文字显示"在瞬间就可以显示出来。上述程序的效果是等朗读完后再出现文字，应该调换一下指令顺序才符合需求。

将  指令积木放在 指令积木前面，如
图 3-23 所示，这样就实现了在"朗读"的同时呈现出"文字"。

图 3-23　修改程序

为了让鹦鹉把几句话在"显示"的同时都"朗读"出来，如图 3-24 所示，在原程序中每次"说……"指令后面增加了"朗读……"指令，请问是否正确？

图 3-24　增加朗读的程序

"文字显示"和"文字朗读"的时间持续性

程序的效果为"文字显示"保持两秒后清空，再进行"文字朗读"，如图 3-25 所示，

没有实现目标要求的在"显示"的同时"朗读"出来。

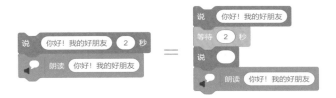

图 3-25　程序效果

 Act

将全部的 说 ⬭ 2 秒 指令积木换成 说 ⬭ 指令积木，如图 3-26 所示。

图 3-26　指令积木替换

 **Ask**

按下空格键后，为小姑娘和鹦鹉的话增加朗读功能，该如何实现呢？

根据前面的分析，先执行不带延时的"文字显示"，再执行"文字朗读"，最后用 清空"文字显示"。

 Act

完成的程序如图 3-27 所示。

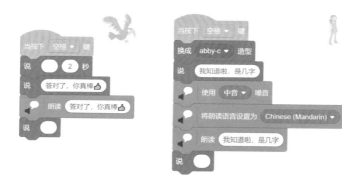

图 3-27　完成的程序

6. 创意扩展

请自由尝试丰富"猜谜大闯关"的内容，例如：

（1）完成答题后响起祝贺的音乐。

（2）增加更多的关卡，单击按键 1、2、3 出不同的字谜，单击按键 A、B、C 完成对应的答题。

完成程序后保存为"猜谜大闯关 1"。

3.1.4 收获总结

类别	收获
生活态度	通过猜字谜游戏，了解语言文字的博大精深，激发对传统文化的热爱之情
知识技能	（1）在设置角色朝向之前，将旋转方式设定为"左右翻转"，能够防止角色出现头朝下的情况； （2）角色的话语有两种呈现方式："文字显示"和"文字朗读"； （3）改变指令积木 说 你好! 和 说 你好! 2 秒 中的文字，可以改变显示的内容，改变指令积木 说 你好! 2 秒 中的数字，可以改变显示的时长； （4）使用"外观"模块列表中的指令积木 换成 Parrot-A▼ 造型 和 下一个造型，可以实现造型的自动控制； （5）"外观"模块列表中的 思考 嗯…… 和 思考 嗯…… 2 秒 是专门用于表示思考的指令积木，跟 说 你好! 和 说 你好! 2 秒 指令积木显示出来的动画效果有细微区别； （6）使用指令积木 等待 1 秒 控制角色间的互动节奏； （7）用不含内容的指令积木 说 ◯ 清空说话内容； （8）肢体语言是口头语言的补充，使用合适的肢体语言能够丰富情感表达，可以根据需要给角色选择合适的造型； （9）"文字朗读"需要持续一段时间，而"文字显示"在瞬间就可以显示出来
思维方法	通过协调安排两个角色间的交互顺序和时间，培养全局思维

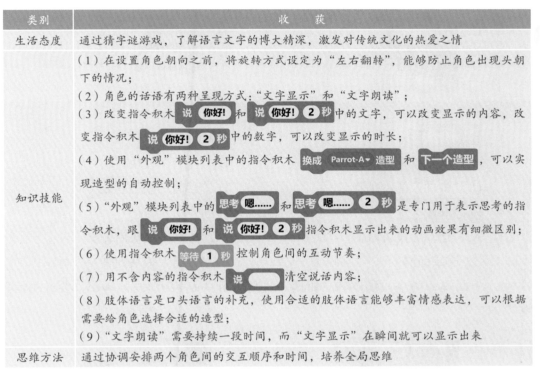

3.1.5 学习测评

一、选择题（不定项选择题）

1. 下面朝向角度哪个能实现让角色面向舞台的右下角？（　　　）

    A．90°　　　　　B．135°　　　　　C．-90°　　　　　D．-135°

2. 下面哪些指令块能够实现让角色说"早上好！"10 秒后消失呢？（　　　）

A.

B.

C.

D.

3. 指令积木可以从下面哪个模块列表找到呢？（　　　）

A."运动"模块列表　　　　　　B."外观"模块列表

C."事件"模块列表　　　　　　D."声音"模块列表

4. 指令积木可以从下面哪个模块列表找到呢？（　　　）

A."运动"模块列表　　　　　　B."外观"模块列表

C.文字朗读　　　　　　　　　D."声音"模块列表

5. 下面哪个指令块能够在"朗读"的同时用"文字"形式呈现出"要说的话"呢？（　　　）

A.

B.

C.

D.

二、设计题

中国画，简称"国画"，一般又被称为丹青，主要是用毛笔、软笔或手指等蘸墨在帛或宣纸上作画，它是琴、棋、书、画四艺之一，并且自成体系，是中华民族的艺术瑰宝。我国古代有不少赞美中国画的诗句，如宋代诗人创作的五言绝句——《画》。

远看山有色，近听水无声。

春去花还在，人来鸟不惊。

请参考图 3-28 中猫头鹰角色的程序，完成猴子角色的程序，让它们一唱一和地朗诵五言绝句《画》。完成程序后保存为"快乐对诗词 1"。

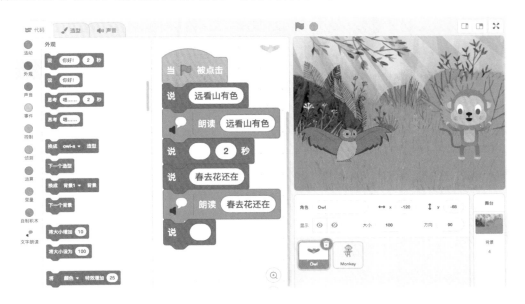

图 3-28　猫头鹰角色程序

3.2 造型添加和切换
——案例8：悟空变变变

3.2.1 情景导入

Arouse

盼望着，盼望着，暑假终于到了，暑期档的电视节目顺理成章地成了小朋友日常生活的一部分。尽管新的影视作品不计其数，但是有些经典影视作品却能够一直"霸占"着荧屏，深受人们的喜爱。

小朋友，你知道2007—2019年我国重播率最高的电视剧是什么吗？是中央电视台1986年版的《西游记》，它在1986年春节一经播出，就轰动全国，获得了观众极高的评价，造就了89.4%的收视率，至今重播次数已经超过3000次。这部剧前后拍摄了8年，倾注了很多人的心血，成就了一部公认的跨时代的经典。

估计很多小朋友对《西游记》的最深印象是孙悟空的七十二变，要是我们能有七十二变的本领该有多好啊！孙悟空的七十二变是虚构出来的，现实生活中没有人有这种本领，但是我们可以在 Scratch 程序的虚拟世界实现这种本领呀！

让我们用 Scratch 创造一个神通广大的齐天大圣孙悟空吧！

3.2.2 案例介绍

本案例效果如图 3-29 所示。

1. 功能实现

孙悟空具有七十二变的本领，编写 Scratch 程序，让孙悟空角色拥有多个造型，既可以自动地切换造型，也可以通过按键来切换造型。

图 3-29 悟空变变变

2. 素材添加

角色：自行上传的孙悟空角色。

背景：天空 Blue Sky。

程序效果
视频观看

3. 流程设计

本案例流程设计如图 3-30 所示。

图 3-30　流程设计

3.2.3　知 识 建 构

1. 上传角色

 *Ask*

视频观看

Scratch 的角色库中并没有孙悟空角色，该怎么办呢？

 *Analyze*

上传角色分为两步：准备素材、导入角色。

下载素材

准 备 素 材

方式1：扫描右侧二维码下载本书专门准备好的图片角色。

方式2：下载 Scratch 论坛上
的作品的角色。在作品的角色区
找到要下载的角色，右击，再选
择"导出"，将角色保存到本地，
如图 3-31 所示。该角色下载的后

图 3-31　导出角色

137

缀是 ".sprite3"，是 Scratch 专属角色，包含了该角色的所有造型、程序。如果只想导出单张图片，可以进入目标角色的造型，选中要下载的造型右击，选择"导出"，此时下载后缀为 .png 的单张图片。

方式 3：从网络上搜索并下载 png 格式的周边透明可免抠图的图片角色，或者下载其他背景是纯色的图片，再自主用图片处理软件抠图。例如，可以在 WPS 办公软件中，用 Word 或 PPT 插入图片，单击图片后，在上方菜单栏中选择"抠除背景"命令，选择"设置透明色"，然后单击纯色背景，这样背景就变成透明了，或者可以尝试使用更高级的"智能抠除背景"功能。最后右击背景透明的孙悟空图片，以 png 格式保存即可，如图 3-32 所示。

图 3-32　准备素材

导入角色

在"聪明小邮差"案例中已经讲过，Scratch 中添加角色的方式有四种：上传角色、随机选择、自主绘制、自主选择，当角色库中没有自己想要的角色时，可以自主绘制角色或者上传新的角色。

将鼠标指针移动到"角色区"的"选择角色"按钮上，立刻弹出四个选项，选择最上面的"上传角色"选项，找到本地的素材并打开，就完成了角色的导入，如图 3-33 所示。

图 3-33　导入角色

 *Act*

本例采取"上传角色"的方法，先下载好"孙悟空"的 png 格式图片，再导入角色库中。

在角色区可以直接修改角色的名称、位置、大小、方向和显示状态等属性，如图 3-34 所示。

图 3-34　导入"孙悟空"角色并修改属性

2. 添加造型

视频观看

孙悟空会七十二般变化，能变成各种飞禽走兽，可是我们上传的孙悟空角色只有一个造型，如何让他拥有更多的造型呢？

给角色添加造型的五种方法

Scratch 中给角色添加造型有五种方法，单击"造型"标签进入造型编辑界面后，将鼠标指针移动到左下角的"选择造型"按钮上，就弹出了 5 个选项（自主拍照、上传造型、随机选择、自主绘制和自主选择），其中后 4 个选项与添加角色的功能类似，多了一个使用摄像头"自主拍照"的功能，如图 3-35 所示。

图 3-35　添加造型的五种方法

添加造型的方法

从造型库中添加造型的方法：单击"造型"编辑界面左下角的 🔍 按钮进入造型库，选择想要的造型并打开，就可以完成造型的添加，可连续添加多个造型。如可以依次将蝙蝠和鹦鹉的所有造型都添加进来。

删除造型的方法

如果想要删除造型，先选择"造型列表"中的造型图标，再单击图标右上角的删除标识——垃圾桶，就可以成功删除造型，如图 3-36 所示。

变更造型名称的方法

为了方便对造型进行管理，还可以给造型重新命名。首先在"造型列表"中单击想要变更名称的造型，然后在名称显示框中输入新的名称即可。

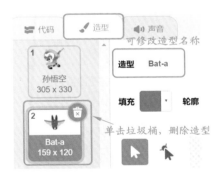

图 3-36　删除造型

利用从造型库选择造型的方式，给孙悟空随意添加更多造型，可以将蝙蝠和鹦鹉拍打翅膀的造型依次都加入进来。添加完造型后，在"造型列表"中单击不同造型，就可以看到造型的变化，如图 3-37 所示。

图 3-37　添加更多造型

3．切换造型

 *Ask*

视频观看

如何让孙悟空自动展示出七十二变的技能呢？

 *Analyze*

透过现象看本质——变化中的不变

因为每个造型都不一样，如果要让孙悟空自动展示出 72 个造型，是不是需要编写出 72 条显示造型的指令呢？答案是否定的。

我们先来看看生活中的一些熟悉的场景：大家在学校食堂排队打饭的时候，师傅只需要喊"下一位"，并不用每次都叫排队者的名字；大家玩击鼓传花游戏时，指挥官只需要告诉大家当鼓声响的时候把手中的道具传给"下一位"，并不用告诉每位游戏参与者到底传给谁。虽然排队打饭时每次呼叫不同的人，击鼓传花时传递的对象也不同，但是他们都是"下一位"，变化的是人，不变的是"下一位"。

同理，虽然孙悟空的 72 个造型都不同，但都是"下一个造型"，因此我们并不用编写出 72 条显示造型的指令，只需要编写出"下一个造型"指令并重复使用 72 次就可以了。因为程序运行速度非常快，我们还需要在每次显示"下一个造型"后增加一个"延时"指令将造型保持一段时间。因此，孙悟空重复执行的动作组合是：显示下一个造型 + 将造型保持一段时间。

 Act

编写如图 3-38 所示的程序，当单击"绿旗"按钮时，孙悟空显示真身，然后重复执行动作：下一个造型 + 等待 1 秒。

 **Ask**

如何实现按下空格键显示孙悟空的真身，按住"1"键变成飞舞的蝙蝠，按住"2"键变成飞舞的鹦鹉呢？

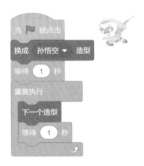

图 3-38　编写程序

 **Analyze**

触发事件：引发下一件事的事件

扳机是组成枪械的零件，射击时用手扳动它可使子弹射出，扳机就是射击功能的触发开关，如图 3-39 所示。在 Scratch 中将引发下一件事的事件称为触发事件，在"事件"模块列表有相应的指令积木。

我们需要给"显示孙悟空的真身""变成飞舞的蝙蝠""变成飞舞的鹦鹉"指令块之前分别增加一个触发事件。

图 3-39　扳机

添加造型： 从造型库中选择蝙蝠的 4 个造型和鹦鹉的 2 个造型。

编辑"显示孙悟空真身"的控制程序：按一次空格键，切到"真身"造型，并用指令积木 **在 ① 秒内滑行到 随机位置▼** 让它滑行到随机位置，以增加趣味性。

编辑蝙蝠的控制程序：蝙蝠的一套基本飞行动作是"造型 1 →延时→造型 2 →延时→造型 3 →延时→造型 4 →延时"；按一次"1"键执行一遍基本飞行动作，持续按住"1"键则重复执行基本飞行动作，也就是持续拍动翅膀。

编辑鹦鹉的控制程序：鹦鹉的一套基本飞行动作是"造型 1 →延时→造型 2 →延时"；按一次"2"键执行一遍基本飞行动作，持续按住"2"键则重复执行基本飞行动作，也就是持续拍动翅膀，控制程序如图 3-40 所示。

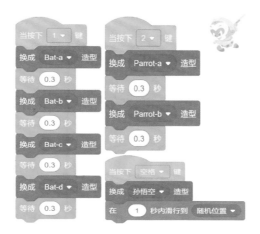

图 3-40　控制程序

4. 创意扩展

请自由尝试丰富"悟空变变变"的内容，例如：

（1）增加造型的配乐。

（2）改变造型的大小。

（3）改变造型的位置。

完成程序后保存为"悟空变变变1"。

3.2.4　收 获 总 结

类别	收　　获
生活态度	（1）通过了解《西游记》漫长的拍摄过程，加深了对"成功是建立在辛苦付出的基础之上""付出才有收获"的道理的认识； （2）通过进行与我国四大名著相关的编程创作，培养了对经典文学作品的兴趣；

续表

类别	收　获
知识技能	（1）添加角色有四种方法：上传角色、随机选择、自主绘制、自主选择； （2）上传角色分为两步：准备素材、导入角色； （3）准备角色素材的方式有：从网上下载图片角色、从 Scratch 论坛上下载别人作品中的角色； （4）在角色区直接修改角色的名称、位置、大小、方向和显示状态等属性； （5）给角色添加造型有五种方法：上传造型、随机选择、自主绘制、自主选择、自主拍摄； （6）删除造型的方法：首先单击"造型列表"中的造型图标，再单击图标右上角的删除标识——垃圾桶； （7）修改造型名称的方法：首先在"造型列表"中单击想要变更名称的造型，然后在名称显示框中输入新的名称； （8）抓住变化中的不变，有助于透过事物的现象看到本质； （9）在 Scratch 中将引发下一件事的事件称为触发事件，在"事件"模块列表有相应的指令积木
思维方法	通过"让孙悟空自动展示出七十二变"的编程实现，从变化中寻找不变，培养了透过现象看本质的抽象思维

3.2.5　学 习 测 评

Assess

一、选择题（不定项选择题）

1. 下列关于"上传角色"的说法中正确的有哪些？（　　　　）

　　A．上传角色分为两步：准备素材、导入角色

　　B．准备素材时，可以从网上下载 png 格式的角色图片

　　C．导入角色时需要单击"随机选择"按钮

　　D．下载 Scratch 论坛上别人作品中的角色

2. 给角色"添加造型"的方法有哪些？（　　　）

    A．上传造型　　　　　　　　B．随机选择

    C．自主绘制　　　　　　　　D．自主拍摄

3. 在角色区可以修改角色的哪些信息？（　　　）

    A．位置　　　　　　　　　　B．大小

    C．名称　　　　　　　　　　D．朝向

4. 下列关于"添加造型"的说法中，正确的有哪些？（　　　）

    A．添加造型比添加角色多了一种方法，即使用摄像头自主拍照

    B．一个角色可以有多个造型，一个造型可以出现在不同角色中

    C．删除造型时，先单击造型图标，再单击图标右上角的删除标识——垃圾桶即可

    D．给造型重新命名时，先单击想更名的造型，然后重新输入名称即可

5. 下列程序正常运行后，角色运动效果相同的有哪些？（　　　）

A.
```
当 ▶ 被点击
重复执行
    下一个造型
    等待 0.2 秒
    移动 5 步
```

B.
```
当 ▶ 被点击
重复执行
    移动 5 步
    下一个造型
    等待 0.2 秒
```

C.
```
当 ▶ 被点击
重复执行
    等待 0.2 秒
    移动 5 步
    下一个造型
```

D.
```
当 ▶ 被点击
重复执行
    等待 0.2 秒
    下一个造型
    移动 5 步
```

二、设计题

编写一个关于造型切换的程序，首先添加蓝天背景 Blue Sky 和小马角色 Unicorn Running，然后给小马添加控制程序，实现小马在蓝天下来回奔跑的效果，完成程序后保存为"奔跑的小马 1"，如图 3-41 所示。

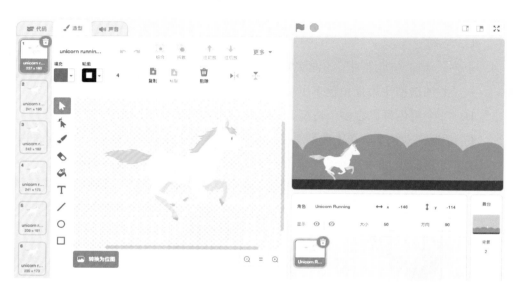

图 3-41　奔跑的小马 1

3.3 造型绘制和修改
——案例9：亲手做蛋糕

3.3.1 情景导入

良药苦口，尤其是中药，其苦涩的味道令成人都难以下咽，更不用说儿童了，因此，父母便经常用糖水给儿童喂药，糖起到了改善口味的作用。其实，人类喜欢甜的历史由来已久，在一万两千年前的石窟壁画中就记录着人类在峭壁上采集野生蜂蜜的活动。

为什么人天生就喜欢甜食呢？因为当人们吃了甜的东西之后，体内的血糖含量就会升高，并被胰岛素转化为身体的能量。吃的甜食越多，体内的能量就越多，就会感到更加的快乐。然而，吃太多的甜食会给身体带来负担，许多疾病都和摄入过多糖分有关，如牙疼，糖尿病等，因此人们必须合理控制摄糖量。

说起甜食，大家肯定会想到作为甜食之王的蛋糕，以小麦粉、鸡蛋和蜂蜜为主料，以牛奶、果汁、奶粉、香粉、色拉油、起酥油、泡打粉为辅料，再经过搅拌、调制、烘烤等工序，就可以得到人见人爱的蛋糕了。

蛋糕虽然好吃，但是也不能吃太多哦！健康还是很重要的。既然不能满足口福，我们用 Scratch 设计一个虚拟的蛋糕过过眼瘾吧！

3.3.2 案例介绍

本案例效果如图 3-42 所示。

图 3-42　蛋糕

1.　功能实现

Scratch 的角色库中没有蛋糕的角色，需要我们自主绘制。在绘制蛋糕造型时，巧克力酱、樱桃和草莓一样都不能少，还要放上生日蜡烛，唱起生日歌，营造一个快乐幸福的氛围。

2.　素材添加

角色：自主绘制。

背景：聚会 Party。

程序效果
视频观看

3.　流程设计

本案例流程设计如图 3-43 所示。

图 3-43　流程设计

3.3.3 知识建构

1. 绘制蛋糕坯

视频观看

如何制作出一个多层的蛋糕坯呢?

矢量图和位图

同一个事物可以用不同的文字表示,如 可以表示为"苹果",也可以表示为 Apple。将一幅图片存储到计算机中,也有不同的表示方式,常见的图片格式有 jpg\jpeg\bmp\png\dwg 等。

图片的表示方式分为矢量图和位图两种,它们的主要区别如表 3-1 所示。

表 3–1 矢量图和位图的区别

序号	矢 量 图	位 图
1	就像是搭积木,画上的物体都可以像积木一样任意移动	就像是油画,画上的所有物体为一个整体,没办法再分开
2	用直线和曲线描述图形	用点描述图形
3	图放多大都依然清晰	图放大后会变得模糊
4	色彩少,不逼真,用于简单图形	色彩丰富,逼真,用于复杂图形
5	图占用内存比较小	图占用内存比较大

Scratch 绘图板有两种模式:位图模式和矢量图模式。若要对导入的图片进行修改,一般采用位图模式;若要绘制新的图形,一般选择矢量图模式。本案例在矢量图模式下绘制蛋糕坯。

（1）进入绘图界面：将鼠标指针移动到"角色区"的"选择角色"按钮上，立刻弹出四个选项，单击"绘制"选项进入绘图界面，如图 3-44 所示，选择默认的矢量图模式。"造型"显示区左下角为模式切换按钮"转换为位图"或"切换为矢量图"。

图 3-44　绘图界面

（2）绘制初始矩形：在"造型"编辑区中单击"绘制矩形"按钮，先修改填充颜色、轮廓颜色和轮廓粗细，再在画布上画出矩形。修改填充颜色和轮廓颜色时可调节颜色、饱和度和亮度，还可以使用"清空颜色"和"取色器"功能，如图 3-45 所示。

（3）修改矩形：在"造型"编辑区中单击"选择"按钮，选中已经绘制的图形，可以再次修改填充颜色、轮廓颜色和轮廓粗细，拖动已绘制图形的边框，还可以改变图形的大小，如图 3-46 所示。

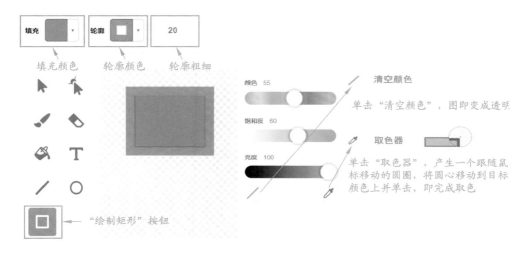

图 3-45　绘制矩形

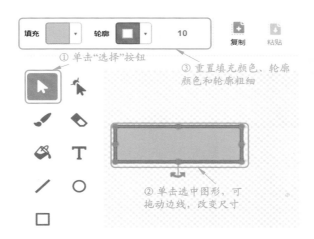

图 3-46　修改矩形

（4）绘制其他矩形：重复前述步骤，绘制出三层蛋糕坯，本例三层蛋糕坯的填充颜色分别是蓝、黄、粉红，轮廓是褐色，也可以自主选择其他颜色，如图 3-47 所示。

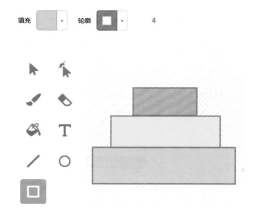

图 3- 47　绘制其他矩形

2. 抹上巧克力酱

 *Ask*

 视频观看

有了蛋糕坯，接下来就可以抹上巧克力酱了，如何实现抹上巧克力酱的效果呢？

 *Analyze*

矢量图中的曲线绘制方法

在矢量图中是没有曲线这个选项的，可以先绘制一条直线，再利用"变形"功能将直线变成曲线。

 *Act*

（1）绘制中间直线：在"造型"编辑区中单击"绘制直线"按钮，在每层蛋糕坯中间绘制一条直线，如图 3-48 所示。

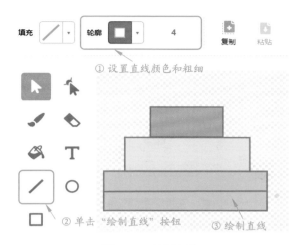

图 3-48 绘制直线

（2）直线拖成曲线：单击"变形"按钮，再单击上一步绘制的直线，就可以让该直线处于变形编辑状态。然后单击直线上的任意位置，都会在单击处出现一个圆点，拖动这些圆点可以让直线变形，如变成美丽的花边，如图 3-49 所示。

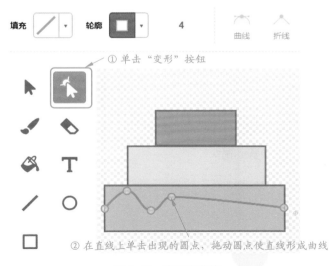

图 3-49 直线变曲线

155

（3）填充部分区域："填充"功能只能在位图模式下使用，因此先切换到位图模式，然后单击"填充"按钮，并将"填充方式"设置为均匀填充，再用"取色器"单击蛋糕坯轮廓将"填充颜色"设置为褐色，之后再单击每层蛋糕坯的曲线上面的部分，就可以给它抹上巧克力酱啦！填充部分区域如图 3-50 所示。

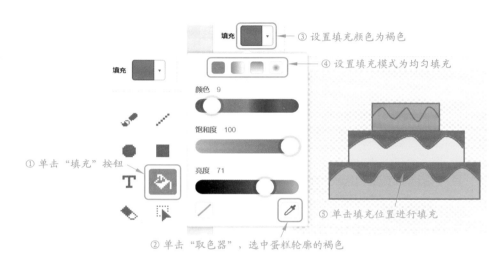

图 3-50　填充部分区域

3. 添加樱桃和草莓

视频观看

目前蛋糕上还是光秃秃的，美味的蛋糕怎么能少得了水果的点缀，如何给蛋糕的巧克力酱上增加几颗美味的樱桃呢？

类 比 思 维

类比思维是根据两个具有相同或相似特征的事物间的对比，从某一事物的某些已知

156

特征去推测另一事物的相应特征的思维活动。类比思维是在两个特殊事物之间进行分析比较，它不需要建立在对大量特殊事物分析研究并发现它们的一般规律的基础上。

"绘制圆形"和"绘制矩形"都是绘制基本的几何图形，因此可以通过类比推理知道它们的操作方法应该基本一样。

（1）绘制圆形樱桃：在"造型"编辑区中单击"绘制圆形"按钮。设置填充颜色为红色，轮廓为透明。在巧克力酱上绘制一个个圆形，这些圆代表樱桃。为了方便操作，可以单击"造型显示区"右下角的"放大"按钮，放大蛋糕的图像，如图 3-51 所示。

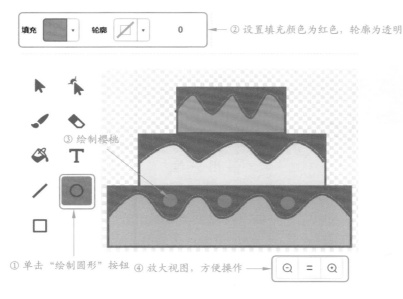

图 3-51 绘制樱桃

（2）调整樱桃形状：在"造型"编辑区中单击"选择"按钮，再选中樱桃并拖动边框，就可以调整樱桃形状，把樱桃调成椭圆会更好看！调整樱桃形状如图 3-52 所示。

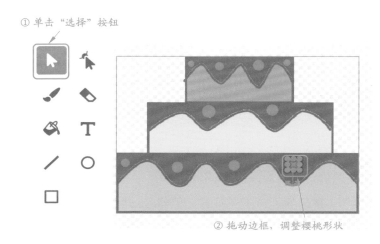

① 单击"选择"按钮

② 拖动边框，调整樱桃形状

图 3-52　调整樱桃形状

草莓也是很多小朋友喜爱的水果，如何再给蛋糕增加几颗美味的草莓呢？

借 用 思 维

借用思维是指人们在实践活动中需要但又缺乏某些资源时，采取向外界借用对应资源的思维活动。通过借用思维使得汽车工程师不用重复造轮子，却能生产出汽车；建筑师不用亲自去制造砖瓦，却能建造出漂亮的楼房；厨师不用亲自去养猪种菜，却能做出美味无比的菜肴。

因此，当我们不想自己画草莓的时候，也可以想办法从别处借用过来。

（1）找到草莓造型：单击"造型"编辑界面左下角的"选择造型"按钮，进入造

型库后输入 str，搜索到 Strawberry-a 造型并打开，如图 3-53 所示。

图 3-53　找到草莓造型

（2）复制草莓造型：单击"选择"按钮，在草莓旁边按住鼠标左键并移动鼠标把草莓框选起来，然后单击"复制"按钮，如图 3-54 所示。

（3）粘贴草莓造型：单击"造型"编辑界面左上角的蛋糕图标切换回蛋糕造型，再单击"粘贴"按钮，将草莓造型粘贴到"造型"显示区。

（4）调节草莓大小位置：单击草莓造型的边框并拖动可以改变大小，单击框内并拖动可以改变位置，将草莓造型调到合适的大小及位置，如图 3-55 所示。

图 3-54　复制草莓造型

159

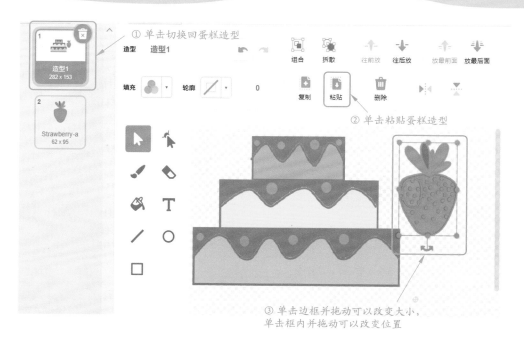

图 3-55　粘贴并调节草莓造型

（5）批量生成草莓：框选草莓，同时按住键盘上的 Ctrl+C 组合键进行复制，再同时按住 Ctrl+V 组合键进行粘贴，然后拖动新生成的草莓到合适的位置。重复上述动作，直到蛋糕上摆满草莓，如图 3-56 所示。

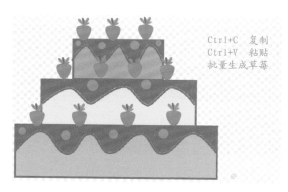

图 3-56　批量生成草莓

4. 摆上生日蜡烛

生日蛋糕上怎么能少了蜡烛，如何给蛋糕摆上生日蜡烛呢？

视频观看

类比思维+借用思维

因为增加生日蜡烛和增加草莓在本质上是相同的任务，所以可以采用增加草莓的方法增加蜡烛。

Act

（1）找到造型素材：造型库里有个简易蛋糕的造型上有蜡烛，单击"造型"编辑界面左下角的"选择造型"按钮，进入造型库后输入cake，搜索到 Cake-a 造型并打开。

（2）复制蜡烛造型：在"造型"编辑区中单击"选择"按钮，在蜡烛旁边按住鼠标左键并移动鼠标把一根蜡烛给框选起来（注意在框选时不要碰到蛋糕，不然会连蛋糕一起被框起来），然后单击"复制"按钮，如图 3-57 所示。

图 3-57　复制蜡烛造型

（3）粘贴蜡烛造型：单击"造型"编辑界面左上角的蛋糕图标切换回蛋糕造型，再单击"粘贴"按钮，将蜡烛造型粘贴到"造型"显示区。

（4）调节蜡烛大小和位置：单击蜡烛造型的边框并拖动可以改变蜡烛大小，单击框内并拖动可以改变蜡烛位置，将蜡烛造型调到合适的大小及位置，如图 3-58 所示。

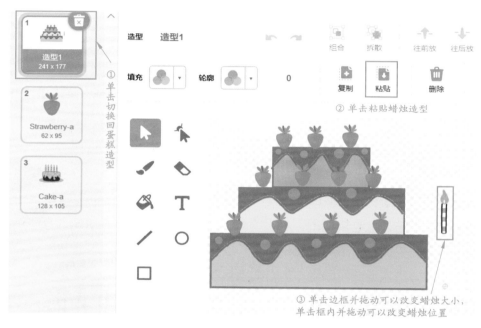

图 3-58　粘贴并调节蜡烛造型

（5）批量生成蜡烛：框选蜡烛，同时按住键盘上的 Ctrl+C 组合键进行复制，再同时按住 Ctrl+V 组合键进行粘贴，然后拖动新生成的蜡烛到合适的位置，在蛋糕上插上所需的蜡烛，这样美味的蛋糕就大功告成了！效果如图 3-59 所示。

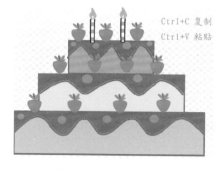

图 3-59　批量生成蜡烛

5. 播放生日歌曲

视频观看

有了蛋糕，怎能少了生日歌曲呢，如何配上生日歌曲呢？

类 比 思 维

因为添加生日歌曲和增加造型在本质上是类似的任务，所以可以参考添加造型的方法和步骤添加生日歌曲。

（1）找到音乐素材：单击屏幕左上角的"声音"标签，进入"声音"编辑界面，再单击屏幕左下角的"选择声音"按钮，进入声音库后输入 bir，搜索到 Birthday 音频并打开，如图 3-60 所示。

（2）编写控制代码：单击屏幕左上角的"代码"标签，进入"代码"编辑界面，在"声音"模块列表中找到播放声音的指令积木，完成控制指令块的搭建，单击"绿旗"按钮，就可以听到动听的生日歌啦！效果如图 3-61 所示。

6. 制作蜡烛被吹灭的效果

视频观看

最激动人心的时刻到了，许完愿望后就可以吹蜡烛了，如何制作蜡烛被吹灭的效果呢？

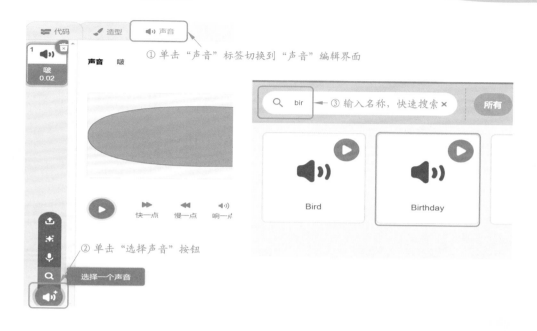

图 3-60 找到音乐素材

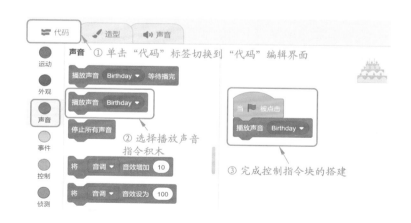

图 3-61 编制控制代码

局部调整法

局部调整法是一种常见的方法，对某个对象进行局部的结构调整，使它具备新的属性和功能以满足新的需求，可以减少研发成本。

例如，为了让普通卧室变成智能卧室，只要给卧室换上自动窗帘和智能灯，整个屋子就显得非常智能，并不需要全部重新装修，这就是局部调整法的应用例子。

蜡烛被吹灭的蛋糕造型和蜡烛被点亮的蛋糕造型除了蜡烛造型有区别，其他造型都一样，因此采用局部调整法修改蜡烛造型。

（1）复制蛋糕造型：先把蛋糕造型更名为"蜡烛亮"，再将鼠标指针移动到"造型"编辑界面左上角的蛋糕图标上，右击，然后选择"复制"命令，就复制出一个新的蛋糕造型，如图 3-62 所示。

图 3-62　复制蛋糕造型

（2）修改蛋糕造型：单击上一步复制的新造型，然后再单击"造型"编辑区中的"选择"按钮，选取蜡烛的火焰并按键盘上的删除键 Delete 以去掉蜡烛造型上的火焰，并把造型更名为"蜡烛灭"，如图 3-63 所示。

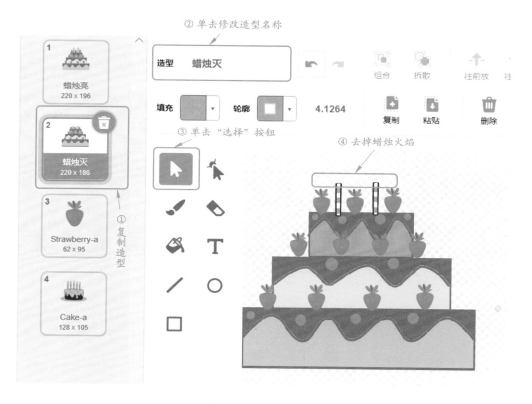

图 3-63　删掉蜡烛火焰

（3）绘制蜡烛灯芯：在蜡烛上绘制直线，并利用"变形功能"做出熄灭效果的灯芯，这样蜡烛被吹灭的蛋糕造型就完成了，如图 3-64 所示。

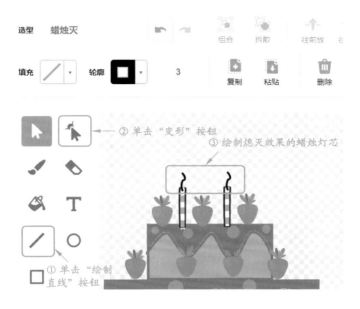

图 3-64　绘制蜡烛灯芯

伴随着蜡烛的吹灭，整个屋就黑了，这样的效果如何实现呢？

局部调整法

关灯的房间和开灯的房间的主要区别是亮度，屋子里的物品数量并没有变化，因此采用局部调整法修改房间背景即可。

（1）选择合适的背景：单击屏幕右下角的"选择背景"按钮，进入背景库后输入

Party，搜索到 Party 背景并打开，如图 3-65 所示。

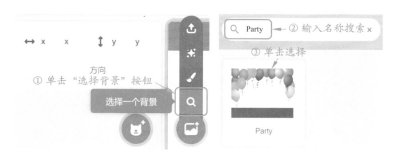

图 3-65　选择 Party 背景

（2）重命名背景：单击"选择背景"按钮上方的背景缩略图标，进入"背景"编辑界面，将背景的名称更新为"Party 亮"，如图 3-66 所示。

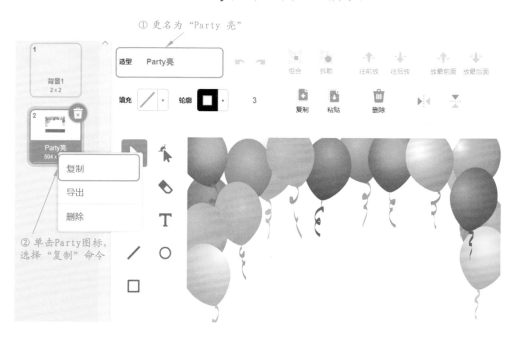

图 3-66　重命名背景

（3）复制出新背景：将鼠标指针移动到"背景"编辑界面左上角的Party图标上，右击，然后选择"复制"命令。

（4）背景填充为黑色：单击上一步复制的新背景，然后单击"造型"编辑区中的"填充"按钮，并设置颜色为"上下渐变的黑色"，再单击背景中的空白区域，将其填充为黑色，并将背景的名称更名为"Party灭"，如图3-67所示。

图3-67　背景填充

（5）编写控制程序：单击蛋糕角色，再单击"代码"标签，进入蛋糕角色的"代码"编辑界面，然后编写如图3-68所示控制程序，这样蜡烛被吹灭的制作就大功告成啦！

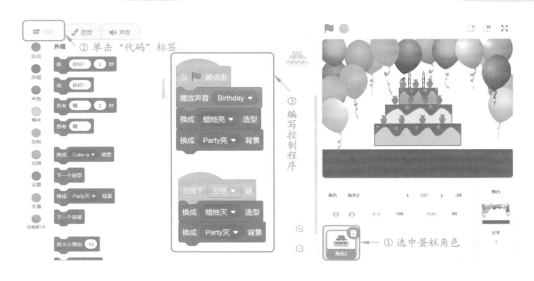

图 3-68　编写控制程序

7. 创意扩展

请自由尝试丰富"亲手做蛋糕"的内容，例如：

（1）增加参与生日派对的人物，并用造型切换控制人物的表情。

（2）录制一段寿星许下生日愿望的话语，当单击"绿旗"按钮时自动播放。

（3）录制一段大家一起祝福寿星的话语，等到吹灭蜡烛之后播放。

完成程序后保存为"亲手做蛋糕1"。

3.3.4　收 获 总 结

类别	收　获
生活态度	通过认识过度吃甜食的危害及控制摄糖量的重要性，增强了保持健康饮食习惯的意识

类别	收　获
知识技能	（1）将一幅图片存储到计算机中，有多种表示方式，也就是 jpg\jpeg\bmp\png\dwg 等各种图片格式，这些图片格式又可以分为矢量图和位图两类； （2）矢量图用直线和曲线描述图形，就像搭积木，画上的物体都可以像积木一样任意移动，图放大后依然清晰，色彩少，不逼真，占用内存比较小，常用于简单图形； （3）位图用点描述图形，就像是油画，画上的所有物体为一个整体，没办法再分开，图放大后会变得模糊，色彩丰富，逼真，占用内存比较大，常用于复杂图形； （4）Scratch 的绘图板具有位图模式和矢量图模式，若要对导入的图片进行修改，一般采用位图模式，若要绘制新的图形，一般选择矢量图模式； （5）绘制矩形的方法：在"造型"编辑区中单击"绘制矩形"按钮，然后修改矩形的填充颜色、轮廓颜色和轮廓粗细，再在画布上画出矩形； （6）绘制圆形的方法：在"造型"编辑区中单击"绘制圆形"按钮，然后修改圆形的填充颜色、轮廓颜色和轮廓粗细，再在画布上画出圆形； （7）绘制曲线的方法：在矢量图中是没有曲线这个选项的，可以先绘制一条直线，再利用"变形"功能将直线变成曲线； （8）修改已绘制图形的方法：在"造型"编辑区中单击"选择"按钮，选中已绘制的图形，可以修改填充颜色、轮廓颜色和轮廓粗细，拖动已绘制图形的边框，还可以改变图形的大小； （9）类比思维是根据两个具有相同或相似特征的事物间的对比，从某一事物的某些已知特征推测另一事物的相应特征的思维活动； （10）借用思维是指人们在实践活动中需要但又缺乏某些资源时，采取向外界借用对应资源的思维活动； （11）局部调整法是一种常见的方法，对某个对象进行局部的结构调整，使它具备新的属性和功能以满足新的需求，可以减少研发成本
思维方法	（1）通过将"绘制矩形"的操作方法迁移到"绘制圆形"上，培养了类比思维； （2）通过从造型库借用草莓和蜡烛造型，避免自己画这些造型的烦琐工作，培养了借用思维

3.3.5 学习测评

一、选择题（不定项选择题）

1. 下面关于"矢量图"和"位图"的说法中正确的有哪些? （   ）

 A．位图就像搭积木，画上的物体可以像积木一样任意移动

 B．矢量图用直线和曲线描述图形，而位图则用点描述图形

 C．位图放大后依然清晰，而矢量图放大后会变得模糊

 D．矢量图占用内存比较小，色彩不逼真，而位图占用内存比较大，色彩逼真

2. 下面关于"绘制图形"的说法中正确的有哪些? （   ）

 A．如果需要绘制图形，一般选择矢量图模式，可以像搭积木一样调整图的内容

 B．在"造型"编辑区中单击"绘制矩形"按钮后，可以修改矩形的填充颜色、轮廓颜色和轮廓粗细

 C．修改颜色时可调节:颜色、饱和度和亮度，还可以用到"清空颜色"和"取色器"两个功能

 D．在"造型"编辑区中单击"选择"按钮，拖动已绘制图形的边框，可以改变图形的大小

3. 下面关于"矢量图中绘制曲线"的说法中正确的有哪些? （   ）

 A．在矢量图中有直接用于绘制曲线的工具选项

 B．在"画笔"模块列表中有直接用于绘制曲线的工具选项

 C．在矢量图中需要先绘制一条直线，再利用"变形"工具将直线变成曲线

 D．可以随意调节在矢量图中绘制的曲线的颜色、饱和度和亮度

4. 下面关于"造型编辑"的说法中不正确的有哪些? （   ）

A. 当需要的造型与现有造型很相似的时候，可以采用局部调整法，先复制现有造型，再进行局部修改

B. 可以将其他造型中的部分元素复制粘贴到正在编辑的造型中

C. 先框选某个造型元素，再同时按住键盘上的 Ctrl+V 组合键进行复制

D. 进入目标造型库中，再同时按住键盘上的 Ctrl+C 组合键进行粘贴

二、设计题

1. 进行关于"造型编辑"的作品创作。首先添加人物角色 Harper，如图 3-69 所示，然后在角色 Harper 的"造型"编辑区中添加衣服造型 Dress-c、帽子造型 Hat-a、鞋子造型 shoes-a，再通过造型编辑的方法，给人物造型 Harper-a 穿上衣服和鞋帽，如图 3-70 所示。完成作品后保存为"爱美的女孩 1"。

图 3-69　人物角色 Harper

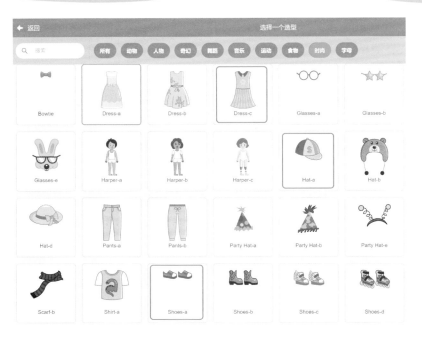

图 3-70　添加造型

2. 参考示例图片，在"爱美的女孩 1"的基础上进行更多的创意设计，至少再设计出两个小女孩的装饰造型，完成作品后保存为"爱美的女孩 2"，如图 3-71 所示。

图 3-71　爱美的女孩 2

提示 1：可以和父母、老师或者朋友一起讨论如何搭配衣服比较好看。

提示 2：小女孩的手臂姿势是可以调节的，给她换一个更酷的姿势吧。

3.4　造型的特效控制
——案例10：魔法小课堂

3.4.1　情景导入

　　小朋友看过《哈利·波特》(*Harry Potter*)吗？这是英国作家 J·K·罗琳(J. K. Rowling) 于 1997—2007 年所著的魔幻文学系列小说，共 7 部，以霍格沃茨魔法学校为主要舞台，描写的是主人公——哈利·波特在霍格沃茨魔法学校的学习生活和冒险故事。

　　截至 2013 年 5 月，该系列小说被翻译成 73 种语言，所有版本的总销售量超过 5 亿本，根据小说改拍成的电影也成为全球史上非常卖座的电影，总票房收入达 78 亿美元。《哈利·波特》之所以如此受欢迎，不仅在于它给我们展现出了一个神奇的魔法世界，更在于它让我们看到了勇气、乐观、友善的力量。

　　很多读者都对进入魔法学校学习变形术、骑扫帚飞天产生过强烈的向往。你想进入哈利·波特所在的霍格沃茨魔法学校学习魔法吗？这只是小说里虚构出来的学校而已，但是，在 Scratch 的虚拟世界中真的能实现魔法哦！让我们一起用编程变魔法吧！

3.4.2　案例介绍

本案例效果如图 3-72 所示。

图 3-72　魔法小课堂

1. 功能实现

按下按键后让女巫舞动闪烁的魔法棒，蝙蝠一边拍动翅膀一边演示变大小、隐身术和分身术：长按"↑"键的时候蝙蝠变大，长按"↓"键的时候蝙蝠变小；长按"←"键的时候蝙蝠逐渐显示，长按"→"键的时候蝙蝠逐渐消失；按"1"键或"2"键蝙蝠来回切换马赛克效果。

2. 素材添加

角色：女巫 Witch、魔法棒 Wand、蝙蝠 Bat。

背景：山洞 Mountain。

3. 流程设计

本案例流程设计如图 3-73 所示。

程序效果
视频观看

图 3-73　流程设计

3.4.3 知识建构

1. 让魔法棒舞动起来

视频观看

魔法世界里最经典的形象可能就是挥舞着魔法棒的女巫了，如何让魔法棒在女巫的手上挥舞起来呢？

角色的造型中心点

之前已经学习过，每个坐标其实都只是一个"点"的位置，但是角色的身体远比一个点要大多了，它是由很多个点组成的，因此用"造型中心点"表示整个角色的位置，这个点的坐标就是角色的坐标，设置角色的位置就是设置这个点的位置。由于这个点是可以人为设置的，因此这个点可以不在角色身上。

（1）设置魔法棒的造型中心点：进入魔法棒的"造型"编辑界面，单击"选择"按钮，再框选并拖动魔法棒，可以发现画布上有一个带十字的小圆圈（原本在魔法棒的中心位置），这就是魔法棒的造型中心点。拖动魔法棒使它的底端正好落在小圆圈上，这样就使魔法棒的造型中心点从中间位置移到了底端，如图 3-74 所示。

（2）设置魔法棒角度和位置：先在舞台下方的"角色"属性区修改魔法棒的初始角度，再用鼠标左键按住魔法棒，将魔法棒的底端拖动到女巫的手上，如图 3-75 所示。

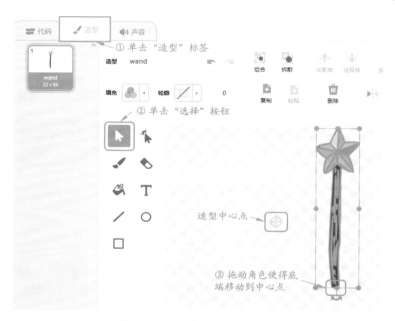

图 3-74　设置魔法棒造型中心点

图 3-75　设置魔法棒角度和位置

（3）设置魔法棒的挥舞动作：单击屏幕左上角的"代码"标签，进入"代码"编辑界面，在"运动"模块列表中找到转动角色的指令积木，编写控制代码，完成控制指令块的搭建，如图3-76所示。按住任意键，就可以看到魔法棒挥舞起来啦！

图 3-76　设置魔法棒挥舞动作

（4）设置魔法棒的变色效果：在"外观"模块列表中找到 将 颜色 特效增加 指令积木，编写控制代码，完成控制指令块的搭建，再按住任意键，魔法棒就闪烁起来啦！效果如图3-77所示。

图 3-77　设置魔法棒变色效果

2. 让蝙蝠学会拍动翅膀

 **Ask**

视频观看

在案例"悟空变变变"中学到过一种让蝙蝠拍动翅膀的方法，还记得吗？还有其他方法可以实现吗？

 **Analyze**

重复切换造型

打开如图 3-78 所示蝙蝠的"造型"编辑界面，可以看到它拥有四个造型，重复切换这四个造型就可以实现拍动翅膀的效果。

图 3-78　蝙蝠造型

 **Act**

（1）在角色列表中单击蝙蝠角色，单击"代码"标签，切换到蝙蝠角色的"代码"编辑界面。

（2）从"事件"模块列表中找到 当▶被点击 指令积木，从"控制"模块列表找到 重复执行 和 等待 1 秒 指令积木，从"外观"模块列表找到 下一个造型 指令积木，拼接指令积木并修改参数，如图 3-79 所示。

图 3-79　编写控制程序

3. 让蝙蝠学会变大小

 Ask

视频观看

　　变大小是最常见的魔法了，无论是把大象变得像蚂蚁那么小，还是把蚂蚁变得像大象那么大，都好有趣啊！如何通过编程将蝙蝠变大或变小呢？

 Analyze

改变角色大小的指令积木

　　改变角色大小的指令积木在"外观"模块列表中，有"增量控制"和"赋值控制"两种方式。

　　 指令积木是改变角色大小的增量控制方式，用于设置角色增减的大小，填入正（负）数代表增加（减少）。

181

将大小设为 100 指令积木是改变角色大小的赋值控制方式，用于直接设置角色大小，当填入 100 时，为默认大小。

编写如图 3-80 所示程序，长按"↑"键的时候角色变大，长按"↓"键的时候角色变小。延时的目的是降低蝙蝠的变化速度，也可以不加延时。

图 3-80　编写改变角色大小的程序

4. 让蝙蝠学会隐身术

视频观看

隐身术无疑是小朋友欢迎的魔法了，如何让蝙蝠学会隐身术呢?

显示或隐藏角色的方式

方式 1：用"外观"模块列表中的指令积木 隐藏 和 显示 实现。

方式 2：用"外观"模块列表中的"虚像特效"指令积木 将 虚像▼ 特效设定为 ◯ 和

将 虚像▼ 特效增加 ◯ 实现。

方式 1：从"外观"模块列表中找到 隐藏 和 显示 指令积木，编写如图 3-81 所示程序，长按"←"键显示角色，长按"→"键隐藏角色。

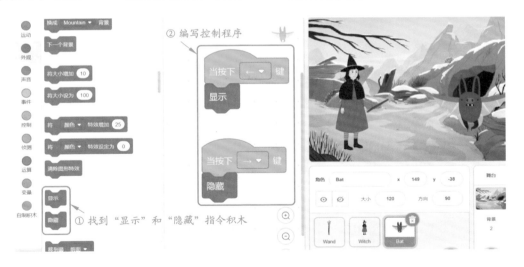

图 3-81　显示和隐藏控制程序

方式 2：从"外观"模块列表中找到"虚像特效"指令积木，编写如图 3-82 所示程序，长按"←"键的时候角色逐渐显示，长按"→"键的时候角色逐渐消失。

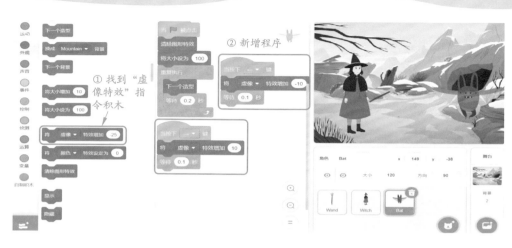

图 3-82　虚像特效控制程序

5. 让蝙蝠学会分身术

*Ask*

看过《西游记》的同学都知道，孙悟空拔一根毫毛就可以变出许多孙悟空，这其实就是魔法中的分身术。如何让蝙蝠学会分身术呢？

视频观看

*Analyze*

角色实现分身术的方法

分身术可以用"外观"模块列表中的"马赛克特效"指令积木 `将 马赛克 ▾ 特效增加 ⬤` 和 `将 虚像 ▾ 特效设定为 ⬤` 实现。

*Act*

从"外观"模块列表中找到"马赛克特效"指令积木，编写如图 3-83 所示程序，长按"1"键或"2"键实现来回切换。

184

图 3-83 特效程序

6. 创意扩展

请自由尝试丰富案例"魔法小课堂"的内容，例如：

（1）给女巫增加施法的肢体动作。

（2）增加女巫施法时的声音效果。

（3）让蝙蝠满屏幕随机移动位置。

完成程序后保存为"魔法小课堂1"。

3.4.4 收 获 总 结

类别	收获
生活态度	通过了解《哈利·波特》畅销的原因，更加认可勇气、乐观和友善这些宝贵品质的价值

续表

类别	收获
知识技能	（1）改变角色大小的指令积木在"外观"模块列表中，有"增量控制"和"赋值控制"两种方式； （2）**将大小增加 10** 是改变角色大小的增量控制方式，用于设置角色增减大小，填入正（负）数代表增加（减少）； （3）**将大小设为 100** 是改变角色大小的赋值控制方式，用于直接设置角色大小，当填入 100 时，为默认大小； （4）显示和隐藏角色的两种方式：用"外观"模块列表中的指令积木 **隐藏** 和 **显示** 实现，或用"外观"模块列表中的指令积木 **将 虚像 ▾ 特效设定为 ○** 和 **将 虚像 ▾ 特效增加 ○** 实现； （5）用"外观"模块列表中的"马赛克特效"指令积木 **将 马赛克 ▾ 特效增加 ○** 和 **将 马赛克 ▾ 特效增加 ○** 可以实现分身术
思维方法	无

3.4.5 学习测评

一、选择题（不定项选择题）

1. 下面关于"设置角色的初始朝向"的说法中，正确的有哪些？（   ）

   A．在舞台下方的"角色"属性区可以直接修改角色的初始朝向

   B．在"运动"模块列表中有指令积木可以直接修改角色的初始朝向

   C．所有角色都需要设置初始朝向

   D．有些角色不需要设置初始朝向

2. 下面关于"改变角色的大小"的说法中，正确的有哪些？（   ）

  A．改变角色大小的指令积木在"控制"模块列表中

  B．改变角色大小的指令积木有"增量控制"和"赋值控制"两种方式

  C．改变角色大小方式中的"增量控制"指的是让角色增减指定大小的量

  D．改变角色大小方式中的"赋值控制"指的是直接让角色变到指定大小

3．让角色实现分身功能的"马赛克特效"指令积木在哪里？（ ）

  A．"外观"模块列表中   B．"运动"模块列表中

  C．"控制"模块列表中   D．"画笔"模块列表中

二、设计题

  补全下面的程序，在"爱美的女孩 2"的基础之上增加造型的特效控制，完成作品后保存为"换装小魔术 1"，如图 3-84 所示。

  提示 1：只保留小女孩的造型，删除其他无关的造型。

  提示 2：增加舞台背景，提高程序在视觉上的趣味性。

  提示 3：可选择不同的特效控制方式，感受不同效果。

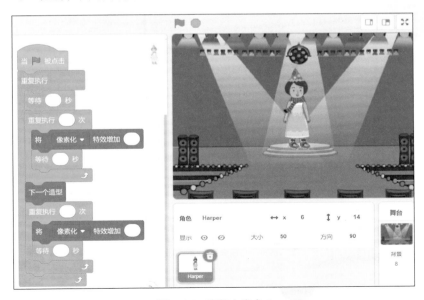

图 3-84　换装小魔术 1

3.5 角色的克隆功能
——案例11：奔驰的骏马

3.5.1 情景导入

人类因为自身的需求驯化了很多动物，如今有些动物已经完成了历史使命，如前面提到过的信鸽，已经被更加便捷快速的现代通信工具取代，但是有一种动物不但没被取代，反而越发有用，那就是马。

通过研究已经证实，马属动物的祖先始祖马出现于 5500 万年前的北美，其身体如同狐狸一样大小，以多汁嫩叶为食。马大约在距今 5000 年前的欧亚草原被驯化。最早驯化马的目的可能有 3 个：一是存留多余的捕猎马作为食物，二是使役和射骑，三是用于祭祀或观赏。马的用途经历了肉用、乳用、农业生产、交通运输、军事和运动娱乐等多个阶段交替或互相融合的过程。马最重要的功能当属交通运输，正是借助马这个交通工具，才扩大了古人的通行范围，促进了不同地域的人在文化、经济、政治上的往来。

虽然如今的交通工具已经非常发达，但在一些偏远山区，马仍在发挥着重要的交通运输的作用。在大城市，马成了人们休闲娱乐的工具，如骑马射箭和马术表演等。

一马当先，让我们马不停蹄地用 Scratch 绘制一群奔驰的骏马吧！

3.5.2 案例介绍

本案例效果如图 3-85 所示。

图 3-85　奔驰的骏马

1. 功能实现

　　一群骏马排列整齐，不停地向前奔跑，路旁的树在不停地向后移，让马的奔跑更有动感。单击"绿旗"按钮后，每一匹马都随机变成一种颜色，让马群看起来色彩斑斓。

2. 素材添加

　　角色：骏马 Unicorn Running、树 Tree1。

　　背景：纯色背景，如蓝色背景。

程序效果
视频观看

3. 流程设计

　　本案例流程设计如图 3-86 所示。

图 3-86　流程设计

189

3.5.3　知识建构

1.　实现一匹骏马奔腾的效果

视频观看

要呈现出一匹骏马在持续奔跑的状态，该如何实现？

运动状态的表现方法

如果一个物体相对另一个物体的位置随着时间改变，则这两个物体存在相对运动，如果相互之间的位置并不随时间改变，则两物体就是相对静止，那么如何表现出马在持续奔跑呢？可以让马和地面产生相对的移动。此外，角色的造型同样会影响视觉效果，为了让马的运动更加生动真实，可以通过持续切换马的造型，让马看起来更像在扬蹄奔跑。综上所述，马持续奔跑的运动状态可以通过自身的造型变化和外物的相对运动表示。

Scratch中连续运动的实现方法

当我们坐在飞速行驶的车上时，会产生一种感觉，我们的车好像没动，而是四周的物体在向车后跑，这是因为物体之间的运动是相对的，为了制造出马相对地面移动的效果，可以让马移动，也可以让地面移动。

如何实现马连续向舞台右侧奔跑的效果呢？因为舞台长度有限，无法让马朝着一个方向持续奔跑，如果让马到达右边缘后重新从左边缘进入舞台，又会显得运动不连贯。我们用树来代替大地，让马不动，而让树从右向左移动，当树到达左边缘后重新从右边缘进入舞台，形成马经过了一棵又一棵树的飞奔效果。因为我们的关注点在马身上，树运动的不连续对视觉效果并没影响，反而有助于让我们以为是不同的树。

图 3-87　添加角色

步骤 1：添加背景和角色。

添加角色：添加骏马 Unicorn Running 和树 Tree1，并调节到合适大小，如骏马大小为 45，树木大小为 50，骏马在舞台中央，树在舞台下边缘，如图 3-87 所示。

添加背景：因为骏马是白色的，所以背景不宜再选白色，可以为其他纯色，如蓝色。

步骤 2：让骏马运动起来。

通过持续切换造型让马呈现奔跑的姿势，并在循环结构里增加"延时指令"控制造型切换速度，程序如图 3-88 所示。

步骤 3：让树木持续左移。

让树木持续左移，如果碰到左侧边缘，就立刻重新移回右边缘，接着重复左移运动，这样看来就像马超过一棵棵树一样。通过设置移动的步数，可以调节树的后退速度，请根据马奔跑的节奏，合理设置树的后退速度，程序如图 3-89 所示。

图 3-88　马运动程序

图 3-89　树持续左移程序

2. 制作群马奔腾的效果

视频观看

我们已经实现了第一匹马的奔跑，接下来请让八匹马整齐排列，一同奔跑，如何实现群马奔腾的效果呢?

复制角色的两种方法

虽然八匹马的位置不一样，但是基本动作是一样的，除了直接添加八匹马的方法，我们还可以利用借用思维，用一匹马复制出其他的马，采用角色复制法或指令克隆法实现复制功能。

方法 1：角色复制法。直接在角色区复制角色，然后在各角色的程序中修改每匹马的位置。这种方法操作简单，但是会导致角色繁多，而且若要呈现更多匹马，这种方法会比较费力。

方法 2：指令克隆法。在一个角色里通过克隆功能复制出克隆体。

克隆的含义

克隆是英文 clone 的音译，原意是指以无性繁殖或营养繁殖的方式培育植物，如扦插和嫁接，可以被翻译为"无性繁殖"，代表一个生命自己繁衍自己，或者简单被译为"复制"。

植物领域的克隆现象简单而常见，例如，种土豆时，把土豆顺着芽头切成块状，再分别种在土里，就能生长出很多土豆;种葡萄时，把一根葡萄枝切成十段就可以变成十株葡萄。

但动物领域的克隆就难得多了，1996 年，英国科学家成功克隆出了世界上第一个人工动物——小羊多利（Dolly），这只小羊与它的"母亲"一模一样，多利的诞生为克隆动物这项生物技术奠基了发展基础。克隆现象如图 3-90 所示。

图 3-90　克隆现象

Scratch中的克隆

生物中的克隆并不只是简单地复制本体的外貌，还会复制本体的体能、智商和性格，同时由于后天的可塑性，这些特征又会在后天的发展中与本体逐渐产生差异。Scratch 中的克隆功能，不仅只是复制本体角色的外形，还会继承本体的造型参数（如颜色、大小等）和初始位置，但不会继承本体的动作（如说话、移动等）。

在 Scratch 的"控制"模块列表中有三个和克隆相关的指令。下面以克隆猴子的程序为例，说明各指令的作用。要实现的功能是让小猴子本体说出"我是本体"，颜色特效值为 50。当按下空格键时克隆出一只新猴子，如图 3-91 所示，克隆的猴子持续向右移动，碰到边缘就删除自己，程序如图 3-92 所示。

图 3-91　克隆新猴子

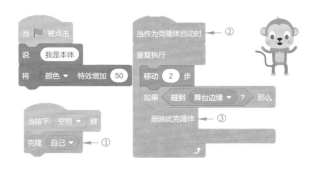

图 3-92   克隆猴子程序

克隆 自己▼ ：每执行一次这个指令积木就能让本体克隆出一个克隆体。

当作为克隆体启动时 ：赋予克隆体"生命"的启动指令积木，可以在后面编写克隆体要执行的程序，可以改变克隆体的造型参数、初始位置，并赋予克隆体动作。

删除此克隆体 ：克隆体若不被删除，则它在程序停止前会一直存在，需在一定条件下删除克隆体以防止角色堆积，如碰到边缘就删除克隆体。

步骤 1：设计八匹骏马的坐标。

如图 3-93 所示，为了让八匹骏马排列整齐，根据骏马的大小设计各匹骏马的坐标和间距，例如，设置骏马的大小为 45，左下角的骏马坐标为（-180，0），横向骏马的坐标间距为 110，纵向骏马的坐标间距为 100，如图 3-94 所示。

步骤 2：让本体在各位置进行克隆。

先让本体移动到左下角并隐藏起来，然后在下一行从左到右克隆出 4 个克隆体，再移动到上一行左侧，接着也从左到右克隆出 4 个克隆体。因为继承了本体的所有外形属性，包括"隐藏"属性，所以此时 8 个克隆体都处于隐藏状态。

图 3-93 八匹骏马的排列

图 3-94 设计八匹骏马的坐标

步骤 3：给克隆体编程。

让每个克隆体都显示出来，并且持续切换到"下一个造型"，以呈现群马奔腾的效果。改变循环体里的延时指令的时间，可以改变造型切换速度，如图 3-95 所示。

3. 让每匹骏马随机变色

视频观看

图 3-95 给克隆体编程

实现了群马奔腾的效果之后，接下来再让每匹骏马显示其独特的色彩，如何通过编程实现呢？

克隆体中变量的属性

我们在前面学过，变量有两种：公有变量和私有变量。公有变量适用于所有角色，而私有变量只适用于当前角色。每个克隆体都相当于一个新角色，每个克隆体也能够拥有公有变量和私有变量。

克隆体的变量都是从本体继承来的，而且会保持本体里的变量属性。也就是说，本体的公有变量到了克隆体还是公有变量，本体的私有变量到了克隆体还是私有变量。

克隆体间变量的独立性

因为克隆体中的变量都是从本体继承来的，不仅变量属性不变，变量的名称也不变，那么不同克隆体之间的变量是否独立呢？

我们可以在马的本体中设置公有变量"公共数值"和私有变量"私有数值"，如图 3-96 所示，然后进行系列实验。

实验 1：证明公有变量与私有变量的独立性。

分别编写程序 A 和程序 B，它们的区别是程序 A 使用的是"公共数值"，而程序 B 使用的是"私有数值"。

克隆体的启动速度特别快，8 个克隆体瞬间就可以全部完成启动，在两个程序中又都使用 `等待 3 秒` 指令积木实现延时等待，因此在执行指令积木 `将 颜色 ▾ 特效设定为 ◯` 前，8 个克隆体都将完成启动及 `将 我的变量 ▾ 设为 0` 的参数赋值工作。若变量之间相互独立，则八匹骏马将获得不同的颜色参数，具有不同颜色；若变量之间不独立，则八匹骏马将获得相同的颜色参数，具有相同颜色。

图 3-96　设置数值

运行程序 A 的结果是八匹骏马具有相同颜色，说明"公有变量"不独立；运行程序 B 的结果是八匹骏马具有不同颜色，说明"私有变量"互相独立，如图 3-97 所示。

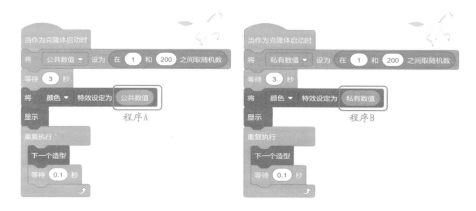

图 3-97　运行程序

实验 2：证明"颜色"变量的独立性。

编写如图 3-98 所示程序，若运行效果是所有马的颜色不同，则说明"颜色"变量是私有变量；若运行效果是所有马的颜色相同，则说明"颜色"变量是公有变量。

程序的实际运行结果是马的颜色不同，因此说明了指令积木里自带的"颜色"变量是角色的私有变量，在各克隆体中也是独立存在，互不干扰。

图 3-98　程序

给骏马角色编程，克隆体启动时增加改变颜色特效的指令，程序及运行效果如图 3-99 所示。

图 3-99　程序及运行效果

4. 创意扩展

请自由尝试丰富案例"奔驰的骏马"的内容，例如：

（1）让 8 匹克隆的骏马呈现出不同的大小。

（2）让 8 匹克隆的骏马在出现时依次报数，说出 1，2，3，…，8。

完成程序后保存为"奔驰的骏马 1"。

3.5.4　收　获　总　结

类别	收　获
生活态度	通过了解马的用途及发展的历史，增进了对动物的认识，也加深了对自然的热爱之情

续表

类别	收　获
知识技能	（1）相对运动和相对静止的概念：如果一个物体相对另一物体的位置随着时间改变，则这两个物体存在相对运动，如果相互之间的位置并不随时间改变，则两物体就是相对静止； （2）角色运动状态的两种表现方法：自身的造型变化、外物的相对运动，将两种方法结合起来表现效果更逼真； （3）复制角色的两种方法：角色复制法和指令克隆法； （4）克隆的含义：原意是指以无性繁殖或营养繁殖的方式培育植物，如扦插和嫁接； （5）Scratch 的克隆功能：不仅是复制本体角色的外形，还会继承本体的造型参数（如颜色、大小等）和初始位置，但不会继承本体的动作（如说话、移动等）； （6）克隆体中变量的属性：克隆体的变量都是从本体继承来的，而且会保持本体里的变量属性，变量分为公有变量和私有变量两种； （7）克隆体间变量的独立性：克隆体之间的公有变量不独立，私有变量互相独立，而指令积木自带的"颜色"变量，是角色的私有变量
思维方法	通过从一匹马克隆出八匹马，避免了重复添加八匹马的烦琐工作，培养了借用思维

3.5.5　练习测评

一、选择题（不定项选择题）

1. 下面关于"运动状态的表现方法"的说法中，正确的有哪些？（　　　）

　A. 将角色的造型逐渐变大，会产生角色远去的效果

　B. 将角色的造型逐渐变大，会产生角色走近的效果

　C. 将角色的造型逐渐变小，会产生角色远去的效果

D. 将角色的造型逐渐变小，会产生角色走近的效果

2. 下面关于"克隆功能"的说法中，正确的有哪些？（　　　　）

A. 克隆体会继承母体的造型参数，所以不能改变克隆体的颜色和大小

B. 克隆体会继承母体的初始位置，所以不能移动克隆体的位置

C. 克隆体不会继承母体的动作，所以从移动的母体中克隆出来的克隆体不会动

D. 可以通过编程让克隆体具有跟母体不一样的颜色、大小、位置及动作

3. 让角色实现克隆功能的指令积木在哪里？（　　　　）

A."外观"模块列表中　　　　　　　B."运动"模块列表中

C."控制"模块列表中　　　　　　　D."画笔"模块列表中

二、设计题

补全如图 3-100 所示的程序，利用"克隆功能"实现满天星闪烁的效果，完成作品后保存为"闪烁满天星 1"，具体的功能要求如下：

（1）每隔 0.3 秒克隆出一颗新的星星。

（2）每颗克隆的星星大小和颜色随机。

（3）每颗克隆的星星闪烁 3 次后消失。

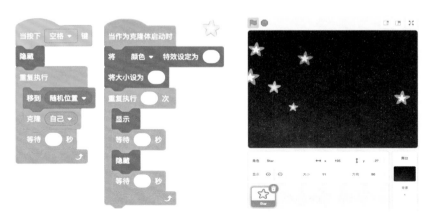

图 3-100　闪烁满天星程序

第 4 章　　声音和音乐

电影起源于 1872 年一场关于"马奔跑时蹄子是否都着地"的争执。英国摄影师穆布里治想出了一个办法：在跑道的一侧依次安置 24 台照相机，在跑道另一侧与照相机对应位置处打 24 个木桩，再将相应位置的每台照相机和木桩用细绳连接起来，其中照相机端是系在快门上的，这样当马飞奔而过时，就会依次把 24 根细绳绊断，触发照相机依次拍下 24 张照片，从这条连贯的照片带上可以看出马在奔跑时总有一只蹄子着地。后来，在一次偶然地快速抽动那条照片带时，穆布里治发现照片中静止的马竟然叠成了一匹运动的马，马神奇般地"活"了起来。受此启发，1895 年 12 月 28 日，法国人卢米埃尔兄弟在巴黎的"大咖啡馆"用自己发明的放映摄影兼用机放映了《火车到站》影片，标志电影的正式诞生。

早期的电影只有画面，没有声音，剧中人物的对话只能通过动作、姿态及插入字幕来间接表达，被人们称为"伟大的哑巴"。直到 1910 年 8 月 27 日，发明大王爱迪生宣布了他的一项新发明——有声电影，才迎来了声色俱全的电影时代，有声电影的出现让电影行业迎来了空前的繁荣和发展。

如果 Scratch 中的动画作品也像早期电影一样缺少了声音和音乐，那将是小朋友们无法忍受的，好在 Scratch 提供了有趣的声音和音乐控制功能，让作品能够声色俱全，既赏心悦目又娓娓动听。

本章包含三个例子，分别是"我爱读诗词""小小音乐盒""自制电子琴"，通过这 3 个案例的学习，同学们将掌握 Scratch 中关于"声音"和"音乐"的基本控制方法，给编程作品增添听觉上的享受。

想让你的 Scratch 作品更加动听吗？一起开始本章的学习吧！

·本章主要内容·

· 声音的录制与编辑 ·

· 声音的上传与控制 ·

· 音乐的设计与控制 ·

4.1　声音的录制与编辑
——案例12：我爱读诗词

4.1.1　情景导入

 *Arouse*

　　小朋友，你知道诗仙是谁吗？"酒入豪肠，七分酿成了月光，余下的三分啸成剑气，绣口一吐，就半个盛唐。"这就是盛唐的李白！读李白的诗，可不只是为了考试，如果数百年前没有李白，今天的我们会失去什么呢？请欣赏《如果没有李白》[①]节选！

　　如果没有李白，我们应该会少背很多唐诗，少用很多成语，

　　说童年，没有青梅竹马；说爱情，没有刻骨铭心；说享受，没有天伦之乐；说豪气，没有一掷千金；浮生若梦、扬眉吐气、仙风道骨，这些词都不存在！蚍蜉撼树、妙笔生花、惊天动地，也都不见了踪迹！

　　如果没有李白，我们的生活应该会失去不少鼓励，

　　犯了难，说不了"长风破浪会有时"；想辞职，说不了"我辈岂是蓬蒿人"；处逆境，说不了"天生我材必有用"；赔了钱，说不了"千金散尽还复来"；更不要说，大鹏一日同风起，扶摇直上九万里！人生得意须尽欢，莫使金樽空对月！安能摧眉折腰事权贵，使我不得开心颜！

　　如果没有李白，我们熟知的神州大地也会模糊起来，

　　我们不再知道黄河之水哪里来，庐山瀑布有多高，燕山雪花有多大，桃花潭水有多深，蜀道究竟有多难。白帝城、黄鹤楼、洞庭湖的名气都要略降一格；黄山、天台山、峨眉山的风景也会失色几许……

　　小朋友，你们感受到汉字的魅力了吗？汉字承载着诗人的情感和思想穿越千年，并渗透进我们日常生活的方方面面。中国有那么多美得让人心醉的诗词，请选择你喜欢的诗词，朗读出来并配上优美的背景吧！

　　①《如果没有李白》是《国家宝藏》节目根据李贽（明）《李白题辞》改编的一首诗。

4.1.2　案例介绍

本案例效果如图 4-1 所示。

图 4-1　我爱读诗词

1. 功能实现

设置与诗词意境匹配的背景，如果背景库中没有合适的背景，可以自主上传背景图片。请通过自主录制声音的方式给程序添加朗读配音，并添加合适的背景音乐烘托诗人的情感。

2. 素材添加

角色：无。

背景：自行上传的背景"静夜思"。

3. 流程设计

本案例流程设计如图 4-2 所示。

程序效果
视频观看

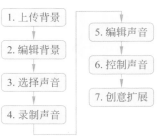

图 4-2　流程设计

4.1.3　知识建构

1. 上传背景

视频观看

如果想选择自己喜欢的图片作为背景，而在 Scratch 的背景库中没有，该怎么办呢?

上传背景的方式

在案例 3 "森林漫步者" 中已经介绍过，Scratch 中添加背景的方式有四种：上传背景、随机选择、自主绘制和自主选择。要选择自己喜欢的图片作为背景，就可以直接上传背景。

上传背景分为两步：准备素材、导入背景。

步骤 1：准备素材。

方式 1： 扫描右侧二维码下载本书专门准备好的背景图片。

下载素材

方式 2： 下载 Scratch 论坛上公开作品的背景。如图 4-3 所示，在作品的背景区找到要下载的背景，右击，选择 "导出" 命令，将背景保存到本地。

图 4-3　下载背景

方式 3：从网络上下载图片。详见案例 8 中关于从网络上下载图片的介绍。

步骤 2：导入背景。

如图 4-4 所示，将鼠标指针移动到 "舞台区" 的 "选择背景" 按钮上，立刻弹出四个选项，选择最上面的 "上传背景" 选项，找到本地的素材并打开，就完成了背景的导入。

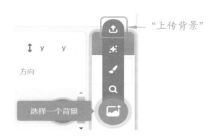

图 4-4　上传背景

本例采取 "上传背景" 的方法，将网上下载的 "静夜思" 的图片导入背景库中。

2. 编辑背景

如图 4-5 所示，如果添加的背景没有填充满整个画布，而是留出了大量的空白，这影响了画面的美感，该怎么办呢？

视频观看

Analyze

矢量图和位图的区别

在前面 "亲手做蛋糕" 案例中已经对矢量图和位图的区别进行了介绍，要改变图片的大小，需要切换到矢量图模式。矢量图和位图的区别可参见表 3-1。

修改背景图片大小

先切换到 "矢量图模式"，如图 4-6 所示，再单击 "选择" 按钮，然后单击背景图片的某个角，鼠标指针就会变成一个拖动图标，此时拖动图片就可以改变其大小。

图 4-5 背景图片与画布尺寸不符

① 单击"选择"按钮

② 单击图片某个角并
拖动以改变图片大小

图 4-6 改变背景图片大小

根据上述分析，将背景图片调大，让图片填充满整个画布，如图 4-7 所示。

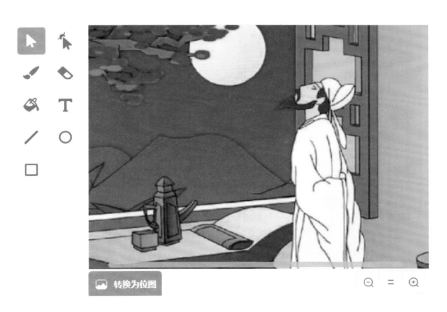

图 4-7　调大背景图片

如何在背景中添加"静夜思"的诗句呢？

如图 4-8 所示，在"矢量图模式"或"位图模式"下，单击"文本"按钮　　，就可 **T** 在背景图片上添加文字了，还可以设置字体颜色。

② 设置字体颜色

① 单击"文本"按钮

图 4-8　设置字体颜色

如图 4-9 所示，在背景图片上配上"静夜思"的诗句。因为背景颜色比较暗，因此文字要用比较亮的颜色，这样才能让文字突出显示。

3. 选择声音

视频观看

音乐是人类灵魂的语言，为了让作品更加生动感人，如何给作品配上动听的音乐呢？

图 4-9　添加文字

添加声音的四种方法

单击"声音"标签，进入"声音"编辑界面后，将鼠标指针移动到左下角的"选择声音"按钮上，就可以弹出添加声音的四种方式供选择，如图 4-10 所示。

（1）上传声音——从计算机中上传声音到 Scratch 软件中。

（2）随机选择——从 Scratch 提供的声音库中随机选择声音。

（3）录制声音——使用录音工具自主录制所需的声音。

（4）自主选择——从 Scratch 提供的声音库中自主选择声音。

图 4-10　添加声音的四种方式

209

当声音库中没有想要的声音时，可以自主录制声音或者上传新的声音。

自主选择声音的步骤

进入声音库： 如图 4-11 所示，先单击"声音"标签进入"声音"编辑界面，再将鼠标指针移动到屏幕左下角的"选择声音"按钮上，立刻弹出了四个选项，选择"自主选择"选项进入声音库。

自主选择声音： 在声音库中，可以直接在搜索栏里输入名称进行搜索，也可以单击相应的标签，进行分类查找。把鼠标指针移到声音文件上，单击右上角的播放按钮，就可以播放声音。找到想要的声音后，单击就可以选上了。

图 4-11　自主选择声音

用"自主选择"的方式添加声音,进入声音库后,单击"可循环"标签,选择声音文件 Medieval2。

4. 录制声音

已经有了优美的画面和动听的背景声音,要是再加上深情的朗读就好了,如何把自己的朗读声音加进去呢?

自主录制声音的步骤

先单击"声音"标签进入"声音"编辑界面,再将鼠标指针移动到屏幕左下角的"选择声音"按钮上,在弹出的四个选项中选择"录制声音"选项,就可以进入声音录制界面。

录制声音:在声音录制界面中,单击红色圆形按钮就可以开始录制,如图 4-12 所示,单击红色方形按钮就可以停止录制,如图 4-13 所示。

编辑声音:结束录制声音后,可以播放预览,通过拖动红线来截取声音片段,如图 4-14 所示。如果不满意还可以选择"重新录制"。

图 4-12 开始录制

211

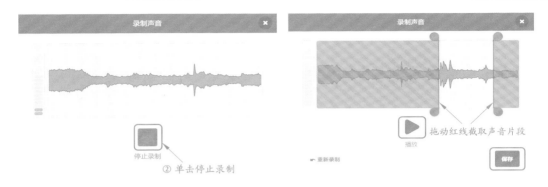

图 4-13　停止录制　　　　　　　　　　　图 4-14　编辑声音

保存声音：对声音片段满意后，可以单击"保存"按钮，保存完后将在"声音"编辑界面的左侧出现新的声音文件，在"声音"编辑区可以修改声音文件的名称，如图 4-15 所示。

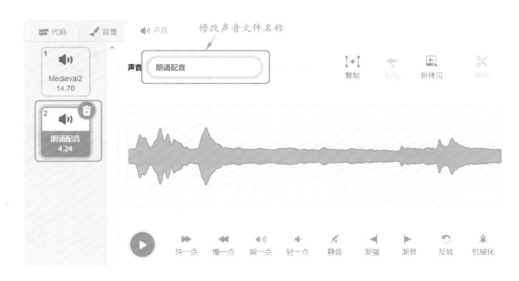

图 4-15　保存声音

Act

用"自主录制"的方式添加声音，在朗诵《静夜思》的时候，要用心体会李白的思乡之情，特别是最后一句"低头思故乡"的哀伤一定要表现出来，这样的配音才能够贴合背景图片的意境。完成录制后，修改声音文件的名称为"朗诵配音"。

5. 编辑声音

 *Ask*

视频观看

录制完后的声音，如果觉得语速太快了，或者太慢了，声音太大了，或者太小了，又不想重新录制时，能够直接编辑声音吗？

 *Analyze*

声音的编辑修改

在"声音"编辑界面中，单击屏幕左侧的声音文件，就可以进入对应的"声音"编辑区，可以调节声音的"快慢"和"音量"，还可以设置"渐强""渐弱""反转"和"机械化"等声音特效。

如果按住鼠标左键截取声音片段，还可以只对声音片段进行操作，除了可以编辑声音特效，还可以进行声音的复制、粘贴和删除等操作，如图4-16所示。

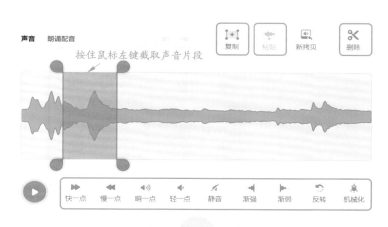

图4-16 编辑声音

213

根据需求进行声音的编辑修改，如果在开始录音的时候有一段较长的静默时间，可以进行"删除"操作；如果朗读太快了，可以进行"慢一点"操作。

6. 控制声音

视频观看

如何在单击"绿旗"按钮后自动播放背景声音 Medieval2 和朗诵配音"静夜思"声音文件呢？

播放声音的控制指令

如图 4-17 所示，在"代码"编辑界面的"声音"模块列表中有两个与"播放声音"有关的控制指令，需要留意它们之间的区别。

图 4-17　控制指令

`播放声音 文件名 ▼ 等待播完` 指令：声音播放完后再执行后续控制指令。

`播放声音 文件名 ▼` 指令：开始播放声音时马上执行后续控制指令。

先播放背景声音 Medieval2 渲染氛围，等待背景音乐播放一会儿再播放朗诵配音"静夜思"。

采用 播放声音 文件名 ▾ 控制指令，因为在"背景声音"播放完之前就要开始播放"朗诵配音"。而两个声音之间的等待时间可以利用延时的方式实现。因此选择 等待 ① 秒 和 播放声音 文件名 ▾ 实现功能，程序如图 4-18 所示。

图 4-18　程序

声音已经播放出来了，如何用键盘控制声音的音调和音量呢？

声音的本质

声音是由物体的振动产生的，最初发出振动的物体叫声源。当我们把手放在喉咙的位置并说话时，就可以感受到喉咙的振动，而且振动强度与声音大小一致，这是因为喉咙里有声带，声带的振动是我们能够发出声音的原因。

声音是一种压力波：当演奏乐器、拍打一扇门或者敲击桌面时，它们的振动会引起介质——空气分子有节奏的振动，使周围的空气产生疏密变化，形成疏密相间的纵波，这就产生了声波，这种现象会一直延续到振动消失为止。

音量和音调

声音作为波的一种，振幅和频率是描述声音的重要属性，振幅的大小与通常所说的音量对应，而频率的大小则与音调对应。

音量又称响度，是指人耳对所听到的声音大小或强度的主观感受，其客观评价尺度是声音的振幅大小，单位是分贝（dB）。

音调的客观评价尺度是声音的频率高低，物体振动得快，发出声音的音调就高；振动得慢，发出声音的音调就低。

音量和音效的控制指令

在"代码"编辑界面的"声音"模块列表中有"音量"和"音效"的相关控制指令积木，分为"增量控制"和"赋值控制"两种方式，如图 4-19 所示。

增量控制： 在原参数的基础上增加或减少一定量值。

赋值控制： 直接给参数设定目标数值大小。

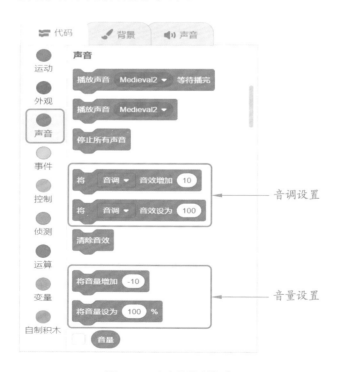

图 4-19　声音的控制指令

音量控制：用键盘上的"↑"键增大音量，用"↓"键降低音量，用"c"键实现静音，用"d"键恢复音量。

音调控制：用键盘上的"←"键降低音调，用"→"键增加音调，用"n"键清除音效，如图 4-20 所示。

图 4-20　音量控制和音调控制

7. 创意扩展

请自由尝试让诗词朗诵的程序更有趣一些，例如：

（1）设置多张背景图片，在朗诵过程中轮流播放图片。

（2）上传自己喜欢的音乐作为朗诵的背景音乐。

完成程序后保存为"我爱读诗词 1"。

4.1.4　收 获 总 结

类别	收　　获
生活态度	通过优美的诗词感受汉字的魅力，加深对我国传统文化的认可和喜爱
知识技能	（1）添加背景有四种方式：上传背景、随机选择、自主绘制、自主选择； （2）上传背景分为两步：准备素材、导入背景； （3）改变背景图片大小的方法：先切换到"矢量图模式"，再单击"选择"按钮，然后单击背景图片的某个角，鼠标指针就会变成一个拖动图标，此时拖动图片就可以改变其大小； （4）在背景中添加文字的方法：在"矢量图模式"或"位图模式"下，单击"文本"按钮 T ，就可以在背景图片上添加文字，还可以设置字体颜色； （5）添加声音有四种方式：上传声音、随机选择、录制声音、自主选择； （6）自主选择声音的步骤：进入声音库、自主选择声音； （7）自主录制声音的步骤：进入声音录制界面、录制声音、编辑声音、保存声音； （8）声音的编辑修改：在"声音"编辑界面中，单击屏幕左侧的声音文件，就可以进入对应的声音编辑区，可以直接调节声音的快慢、音量，以及渐强、渐弱、反转和机械化等声音特效，如果按住鼠标左键截取声音片段，还可以只对声音片段进行操作，除了可以编辑声音特效，还可以进行声音的复制、粘贴和删除等操作； （9）在"声音"模块列表中有两个与"播放声音"有关的指令积木：`播放声音 文件名 ▾ 等待播完` 指令积木的特点是声音播放完后再执行后续控制指令，`播放声音 文件名 ▾` 指令积木的特点是开始播放声音时马上执行后续控制指令； （10）声音的本质：声音是由物体的振动产生的，最初发出振动的物体叫声源； （11）音量和音调：振幅和频率是描述声音的重要属性，振幅的大小与通常所说的音量对应，而频率的大小则与音调对应； （12）在"声音"模块列表中有"音量"和"音效"的相关控制指令积木，分为"增量控制"和"赋值控制"两种方式
思维方法	通过说话感受声带的振动，认识声音是因为振动而产生的原理，培养通过实践认识事物本质的实践思维

4.1.5　学习测评

一、选择题（不定项选择题）

1. 下面关于"在背景中添加文字"的叙述中，正确的有哪些？（　　　）

    A．可以在矢量图模式下添加文字

    B．可以在位图模式下添加文字

    C．对于颜色比较暗的背景，使用颜色比较深的文字才能使其突出显示

    D．对于颜色比较暗的背景，使用颜色比较亮的文字才能使其突出显示

2. 添加声音的方式有哪些？（　　　）

    A．上传声音　　　　　　　　B．随机选择

    C．自主录制　　　　　　　　D．自主选择

3. 下面哪个选项可以对声音文件进行编辑修改？（　　　）

    A．"声音"模块列表　　　　　B．"声音"编辑界面

    C．"控制"模块列表　　　　　D．"文字朗读"模块列表

4. 在下面哪个选项中可以找到"音量"和"音效"的控制指令？（　　　）

    A．"侦测"模块列表　　　　　B．"声音"模块列表

    C．"控制"模块列表　　　　　D．"文字朗读"模块列表

5. 下列选项中，关于声音的描述正确的有哪些？（　　　）

    A．声音其实是一种压力波

    B．声波频率对应音量大小

    C．声波振幅对应音调高低

    D．物体振动得快，发出声音的音调就高；物体振动得慢，发出声音的音调就低

二、设计题

在 3.1.5 节的设计题"快乐对诗词 1"程序中，诗词的朗诵是由"文字朗读"模块列表里的"朗读……"指令积木实现的，朗诵的声音是由机器生成的，显得比较生硬，请修改程序，用"自主录制"的方式将机器朗诵的声音替换成自己朗诵的声音，完成程序后保存为"快乐对诗词 2"，如图 4-21 所示。

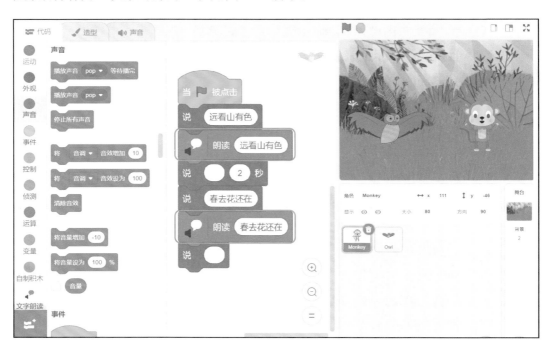

图 4-21　快乐对诗词 2

4.2 声音的上传与控制
——案例13：小小音乐盒

4.2.1 情景导入

　　如果能够有一个口袋大小的盒子，里面装着全世界最动听的音乐，什么时候想听了，它都可以深情地歌唱，不知疲惫，也不跑调，那该有多美好啊！

　　现在随便一个智能手机都可以实现这个功能，但是在 300 多年前，这可是连国王都梦寐以求却求之不得的愿望，一直到了 1796 年瑞士钟表匠安托·法布尔发明了音乐盒，才实现了这个愿望。

　　音乐盒是机械发音的乐器，转动盒内的链环，可自动演奏音乐。17 世纪初，音乐盒的制造成为瑞士超过制表和缝制蕾丝业的第一大产业，可见当时音乐盒的流行程度。因为音乐盒是人类历史上第一个实现了音乐的记录和重放的机器，因此现在人们还会把手机里的音乐播放软件称为音乐盒。

　　让我们用 Scratch 编写出一个小小音乐盒程序吧！

4.2.2 案例介绍

　　本案例效果如图 4-22 所示。

1. 功能实现

　　依次上传我国四大名著《红楼梦》《西游记》《水浒传》《三国演义》的背景及音乐，然后通过编程实现如下功能：单击"绿旗"按钮切换到歌曲的目录页，按"1""2""3""4"键依次切到《红楼梦》《西游记》

歌曲目录

1. 红楼梦
2. 西游记
3. 水浒传
4. 三国演义

图 4-22　小小音乐盒

《水浒传》《三国演义》的背景及音乐。

程序效果
视频观看

2. 素材添加

角色：无。

背景：自行上传背景图片《红楼梦》《西游记》《水浒传》《三国演义》。

3. 流程设计

本案例流程设计如图 4-23 所示。

图 4-23　流程设计

4.2.3　知 识 建 构

1. 上传背景

视频观看

如何添加我国四大名著《红楼梦》《西游记》《水浒传》《三国演义》的背景图片呢?

上传背景的步骤

在"我爱读诗词"的案例中已经讲过，上传背景分为两步：准备素材、导入背景。四大名著的背景图片可以到网络上搜索，并用"上传背景"的方式导入，也可以扫描右侧二维码，下载本书专门准备好的背景图片。

下载素材

222

集中处理相同工序有助于提高效率

创建福特汽车公司的亨利·福特是世界上第一位用流水线大批量生产汽车的人，他让部分工人集中处理相同的工序，以此来提高生产的效率。

基于类比思维和借用思维，在编程过程中借鉴流水线思想，将同样的操作任务一次性批量完成，尽量减少在不同任务之间的来回切换，以此提高编程的效率。

在网上分别查找四大名著的相关图片，挑选到满意的图片后保存到本地，并用对应名著的名称命名，然后用"上传背景"的方式导入背景库中，如图 4-24 所示。

图 4-24　图片导入背景库

2. 编辑背景

视频观看

上传完背景图片后，图片并没有完全填充满画布，影响了画面的美感。如何让背景图片填充满画布，并在背景图片上添加对应的名著名称？

修改背景图片填充大小

在"我爱读诗词"的案例中已经讲过，要修改背景图片的大小，需要先切换到"矢量图模式"，再单击"选择"按钮，然后单击背景图片的某个角，鼠标指针就会变成一个拖动图标，此时再按住鼠标左键并拖动就可以改变背景图片的大小。

在背景中添加文字的方法

在"矢量图模式"或"位图模式"下，单击"文本"按钮 **T**，就可以在背景图片上添加文字了，还可以设置字体颜色。

根据上述分析，将背景图片都调大，如图 4-25 所示，让它们都能填充满整个画布，并依次配上对应名著的名称。

3. 添加目录

视频观看

如何增加一个目录页，让人可以清楚地看到音乐盒中的音乐？

图 4-25　背景图片调整

Analyze

制作目录的方式

方式 1：用"自主选择"的方式从背景库中选中一个画面相对简单的背景，然后用"添加文字"的方法制作出目录内容，如图 4-26 所示。

方式 2：在计算机的绘图软件或者 PPT 中绘制歌曲目录，并保存成图片，然后通过"上传背景"的方式导入程序中。

图 4-26　制作歌曲目录

 *Act*

　　因为方式 1 操作起来相对比较简单，而且方便日后随时进行目录内容的更改，因此选择方式 1 来实现。

4. 控制背景

 *Ask*

视频观看

　　如何实现单击"绿旗"按钮后显示目录页，按"1"键后显示《红楼梦》背景，按

"2"键后显示《西游记》背景，按"3"键后显示《水浒传》背景，按"4"键后显示《三国演义》背景呢？

背景的显示控制

单击选中背景后，可以在"外观"模块列表中找到控制背景显示的指令积木换成 歌曲目录▼ 背景 和 换成 歌曲目录▼ 背景并等待 ，如图 4-27 所示。经过测试，两个指令积木并无区别。

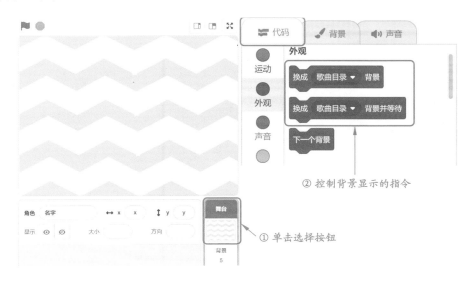

图 4-27　背景显示控制

根据上述分析，编写出切换不同背景的程序，如图 4-28 所示。

图 4-28　切换背景程序

5．上传声音

Scratch 的音乐库里并没有与四大名著相关的音乐，如何自主上传呢？

视频观看

Analyze

上传声音的步骤

上传声音分为两步：准备声音素材、导入声音素材。

步骤 1：准备声音素材。

从网络上下载所需的声音文件，可以到自己熟悉的音乐播放软件上进行下载。

步骤 2：导入声音素材。

首先单击"声音"标签切换到"声音"编辑界面，然后将鼠标指针移动到屏幕左下角的"选择声音"按钮上，立刻弹出四个选项，选择最上面的"上传声音"选项，找到本地的声音素材并打开，就完成了声音的导入。

根据上述分析，依次下载并上传四大名著里面的经典音乐，如图 4-29 所示。

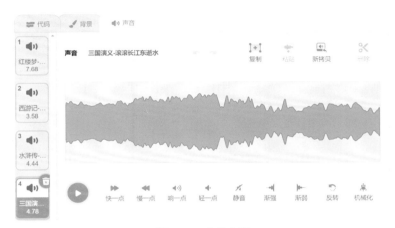

图 4-29　上传音乐

6. 控制声音

如图 4-30 所示的声音控制程序是否正确？如果有问题，问题出在哪里？

视频观看

图 4-30　声音控制程序

声音的播放与停止

如图 4-31 所示，Scratch 中有两个关于"播放声音"的指令积木 播放声音 西游记-云宫迅音 ▼ 和
播放声音 西游记-云宫迅音 ▼ 等待播完 ，以及一个关于"停止所有声音"的指令积木 停止所有声音 ，
一旦播放了某个声音文件，就只能用代码将其停止，否则哪怕播放了新的声音，原来
播放的声音也会继续播放。

图 4-31　声音的播放与停止

根据上述分析，在程序中增加"停止所有声音"指令积木。值得注意的是"停止声音"应该在"播放声音"指令积木前面，如图 4-32 所示，否则程序运行状态将出错。

7. 创意扩展

请自由尝试让小小音乐盒更有趣一些，例如：

（1）让歌曲实现循环播放，而不是按键后只

图 4-32　程序增加停止指令

播放一遍。

（2）给每部名著上传多张背景图片，实现多张背景图片的轮流播放。

完成程序后保存为"小小音乐盒1"。

4.2.4 收获总结

类别	收 获
生活态度	通过了解人类对自动播放音乐的梦想和追求，激发对创造发明的兴趣
知识技能	（1）在编程过程中可以借鉴福特的流水线思想，将同样的操作任务一次性批量完成，尽量减少在不同任务之间的来回切换，以此提高编程的效率； （2）背景的显示控制：单击选中背景后，可以在"外观"模块列表中找到控制背景显示的指令积木 `换成 歌曲目录▾ 背景` 和 `换成 歌曲目录▾ 背景并等待`； （3）上传声音分为两步：准备声音素材、导入声音素材； （4）准备声音素材的方法：从网络上下载所需的声音文件，可以在相关音乐播放软件上进行下载； （5）导入声音素材的方法：首先单击"声音"标签切换到"声音"编辑界面，然后将鼠标指针移动到屏幕左下角的"选择声音"按钮上，立刻弹出四个选项，选择最上面的"上传声音"选项，找到本地的声音素材并打开，就完成了声音的导入； （6）声音的播放与停止：Scratch 中有两个关于播放声音的指令积木 `播放声音 文件名▾` 和 `播放声音 文件名▾ 等待播完`，以及一个关于停止声音的指令积木 `停止所有声音`，一旦播放了某个声音文件，就只能用代码将其停止，否则哪怕播放了新声音，原来的声音也会继续播放
思维方法	通过将福特的流水线思想应用到编程中提高编程效率，锻炼了类比思维和借用思维

4.2.5　学习测评

一、选择题（不定项选择题）

1. 下面关于"上传声音"的说法中，正确的有哪些？（　　　）

　　A. 上传声音分为两步：准备素材、导入声音

　　B. 准备声音素材时，可以在相关音乐播放软件上下载

　　C. 导入声音素材时，单击"声音"模块列表，选择"上传声音"选项，找到本地的声音素材并打开，就完成了声音的导入

　　D. 声音一旦上传成功后，就不能再编辑修改了

2. 在哪里能够找到控制声音播放与停止的指令积木？（　　　）

　　A. "控制"模块列表　　　　　　　　B. "文字朗读"模块列表

　　C. "音乐"模块列表　　　　　　　　D. "声音"模块列表

二、判断题（判断下列各项叙述是否正确，对的在括号中填"√"，错的在括号中填"×"）

1. 可以将 PPT 中的页面保存成图片，然后通过"上传背景"的方式导入程序中作为背景。（　　　）

2. 事先用手机或者计算机录制好的语音不能上传到 Scratch 程序中。（　　　）

3. 自己录制的语音可以被编辑，而从网上下载的语音不可以被编辑。（　　　）

4.3　音乐的设计和控制
——案例14：自制电子琴

4.3.1　情景导入

　　被誉为"乐器之王"的钢琴是由意大利人巴托罗密欧·克里斯多佛利在 1709 年发明的。古今中外的乐器中，钢琴的音域较宽，它高音清脆，中音丰满，低音雄厚，几乎可以模仿整个交响乐队的效果，它能发出音乐中使用的最弱音和最强音。若配合小提琴伴奏弱旋律时，其旋律不会喧宾夺主，与庞大的交响乐队合奏强音时，也不会被淹没。如果没有钢琴，就不会有莫扎特、海顿、贝多芬、舒伯特、舒曼、门德尔松和勃拉姆斯等音乐大师的精彩华章。

　　钢琴比较贵，一般家庭会选择电子琴作为入门乐器，那么就用 Scratch 编写一个电子琴程序来过把琴瘾吧！

4.3.2　案例介绍

本案例效果如图 4-33 所示。

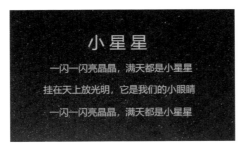

图 4-33　乐曲《小星星》

1. 功能实现

用 Scratch 3.0 的"拓展模块"中的"音乐"模块进行乐曲《小星星》的演奏，请给乐曲配上合适的背景，并实现用键盘选择乐器类型、控制演奏速度和音量的功能。

2. 素材添加

角色：无。

背景：星空 Galaxy 或 Stars，或自行上传其他星空图片。

程序效果
视频观看

3. 流程设计

本案例流程设计如图 4-34 所示。

图 4-34　流程设计

4.3.3　知 识 建 构

1. 选择音乐背景

视频观看

如何给乐曲《小星星》添加合适的背景呢？

添加星空背景

Scratch 中添加背景的方式有四种：上传背景、随机选择、自主绘制、自主选择。在 Scratch 的背景库中，有 Galaxy 和 Stars 两个背景与星空相关，可供选择。此外，还可以自主在网络上搜索美丽的星空图片并上传。

可以在背景上输入《小星星》这首歌的歌词，以丰富画面内容。

　　根据上述分析，采用背景库中的 Star 作为背景，并在背景上添加《小星星》这首歌的歌词，如图 4-35 所示。

图 4-35　上传背景并添加文字

2. 演奏乐曲音符

如何用程序编写出《小星星》乐曲呢？

视频观看

Scratch 3.0的扩展模块

Scratch 3.0 中有丰富的功能，它将一些不常用的专用功能，如音乐、画笔、视频侦测、文字朗读、翻译等功能，以及用于跟乐高、Makey Makey、micro:bit 等硬件连接的功能放到扩展功能中，如图 4-36 所示。

图 4-36　扩展功能

进入"代码"编辑界面后，单击屏幕左下角的"添加扩展"按钮以打开"扩展"模块列表，然后在"扩展"模块列表中单击"音乐"模块，即可完成"音乐"功能的加载。加载完"音乐"模块后，就可以在"代码"编辑界面的左侧列表看到"音乐"模块，单击该模块按钮，就可以看到相关的控制指令积木，如图 4-37 所示。

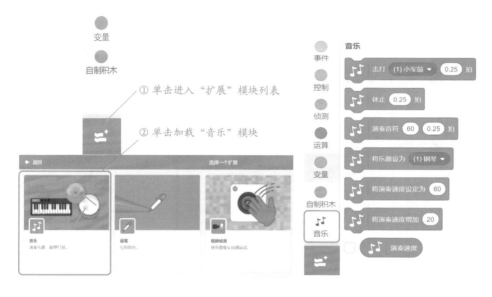

图 4-37　加载音乐

五线谱和简谱的基础知识

五线谱（Musical Notation）最早的发源地是希腊，它是世界上通用的一种记谱法，通过在五根等距离的平行横线上标以不同时值的音符及其他记号记载音乐，属于运用最广泛的乐谱之一。

简谱是一种简易的记谱法，简谱以可动唱名法为基础，用 1、2、3、4、5、6、7 代表音阶中的 7 个基本级，读音为 do、re、mi、fa、sol、la、ti（中国为 si），休止以 0 表示，图 4-38 所示为《小星星》歌曲的简谱。

简谱具有简单易学、便于记忆与书写等多种优点，这使它在中国有着比五线谱更

237

多的使用者。简谱对于推动和普及音乐起着重要的作用。我国的许多音乐家在创作乐曲时，都习惯使用书写方便的简谱，记录最初的创作乐思。

小星星

图 4-38 《小星星》简谱

关于简谱的具体阅读规则，还不清楚的同学可以自己查阅资料，或者请教专业人士，本书不再赘述。下面请根据《小星星》歌曲的简谱自主完成程序，单击控制指令中的数字"60"可选择音符，如图 4-39 所示。

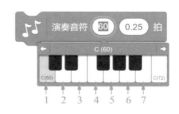

图 4-39 选择音符

部分程序如图 4-40 所示。

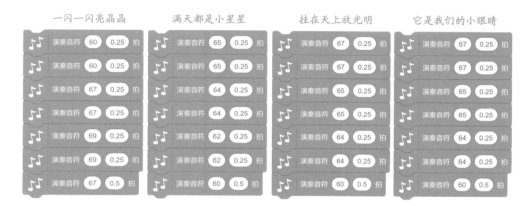

图 4-40 《小星星》部分程序

3. 设置乐器类型

如何演奏出不同乐器的声音效果呢?

视频观看

乐器种类的选择

在"音乐"模块列表中有设置乐器种类的指令积木 将乐器设为 (1) 钢琴▾ ，可以选择钢琴、吉他、大提琴、长笛、风琴等 21 种乐器。

利用控制指令积木 将乐器设为 (1) 钢琴▾ 将乐器设置为钢琴，如图 4-41 所示。

图 4-41 设置乐器

239

4. 控制演奏速度

视频观看

如何用键盘按键控制演奏的速度呢？

演奏速度的控制

在"音乐"模块列表中有控制演奏速度的指令积木 $\text{将演奏速度设定为 } 60$ 和 $\text{将演奏速度增加 } 20$，分别为"赋值控制"和"增量控制"方式，如图 4-42 所示。

利用控制指令积木 $\text{将演奏速度增加 } 20$ 实现用键盘控制演奏速度，如图 4-43 所示。

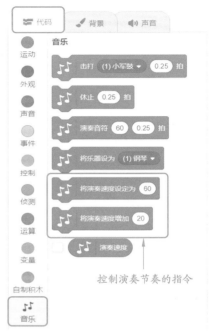

图 4-42　演奏速度控制

图 4-43　用键盘控制演奏速度

5. 控制演奏音量

视频观看

如何用键盘按键控制演奏的音量呢？

演奏音量的控制

在"声音"模块列表中有控制演奏音量的指令积木 **将音量设为 100 %** 和 **将音量增加 -10**，分别为"赋值控制"和"增量控制"方式，如图 4-44 所示。

利用控制指令 **将音量增加 -10** 实现用键盘控制演奏音量，如图 4-45 所示。

图 4-44　演奏音量控制

图 4-45　键盘控制演奏音量

6. 创意扩展

请自由尝试让自制的电子琴更有趣一些，例如：

（1）增加更多的乐曲，实现用键盘的数字按键选择不同的乐曲。

（2）给不同的乐曲配置不同的背景主题，并能够随乐曲自动切换。

完成程序后保存为"自制电子琴 1"。

4.3.4　收 获 总 结

类别	收　获
生活态度	钢琴在与其他乐器一起伴奏的时候，其旋律既不会喧宾夺主，也不会被淹没，被誉为"乐器之王"，通过对钢琴的了解，激发学习乐器的兴趣
知识技能	（1）Scratch 3.0 里有丰富的功能，它将一些不常用的专用功能，如音乐、画笔、视频侦测、文字朗读、翻译等，以及用于跟乐高、Makey Makey、micro:bit 等硬件连接的功能放到扩展功能中； （2）加载音乐扩展功能的方法：进入代码编辑界面后，单击屏幕左下角的"添加扩展"按钮以打开扩展模块列表，然后在扩展模块列表中单击"音乐"模块，即可完成"音乐"功能的加载； （3）五线谱最早的发源地是希腊，它是世界上通用的一种记谱法，通过在五根等距离的平行横线上标以不同时值的音符及其他记号来记载音乐，属于运用最广泛的乐谱之一； （4）简谱是一种简易的记谱法，简谱以可动唱名法为基础，用 1、2、3、4、5、6、7 代表音阶中的 7 个基本级，读音为 do、re、mi、fa、sol、la、ti（中国为 si），休止以 0 表示，有着简单易学、便于记写等多种优点； （5）乐器种类的选择：在"音乐"模块列表里有设置乐器种类的指令积木 ♪♪ 将乐器设为（1）钢琴▼ ，可以选择钢琴、吉他、大提琴、长笛、风琴等 21 种乐器； （6）演奏速度的控制：在"音乐"模块列表中有控制演奏速度的指令积木 ♪♪ 将演奏速度设定为 60 和 ♪♪ 将演奏速度增加 20 ，分别为"赋值控制"和"增量控制"方式； （7）演奏音量的控制：在"声音"模块列表里有控制演奏音量的指令积木 将音量设为 100 ％ 和 将音量增加 -10 ，分别为"赋值控制"和"增量控制"方式
思维方法	无

4.3.5　学习测评

一、选择题（不定项选择题）

1. 下面关于"五线谱"和"简谱"的说法中，正确的有哪些？（　　　）

　　A. 五线谱最早的发源地是希腊，是世界上通用的一种记谱法

　　B. 简谱是一种简易的记谱法，它的历史比五线谱早一些

　　C. 简谱用 1、2、3、4、5、6、7 代表音阶中的 7 个基本级

　　D. 简谱简单易学、便于记忆与书写，有着众多的使用者

2. 要设置乐器类型，可以在下面哪个选项中找到对应的指令积木？（　　　）

　　A. "声音"模块列表　　　　　B. "控制"模块列表

　　C. "音乐"模块列表　　　　　D. "外观"模块列表

3. 下面关于"演奏的速度和音量控制"的说法中，正确的有哪些？（　　　）

　　A. 在"音乐"模块列表中可以找到演奏速度的控制指令

　　B. 演奏速度有两种控制方式，分别为"赋值控制"和"增量控制"方式

　　C. 在"音乐"模块列表中可以找到音量的控制指令

　　D. 音量有两种控制方式，分别为"赋值控制"和"增量控制"方式

二、判断题（判断下列各项叙述是否正确，对的在括号中填"√"，错的在括号中填"×"）

1. Scratch 3.0 将一些不常用的专用功能，如音乐、画笔、视频侦测、文字朗读、翻译等，以及用于跟乐高、Makey Makey、micro:bit 等硬件连接的功能放到扩展功能中。（　　　）

2. 简谱对于推动和普及音乐起着重要的作用。（　　　）

3. 控制演奏音量的指令积木并不在"音乐"模块列表中，而在"声音"模块列表中。（　　　）